篤農家の 実践 テクニック

本当は教えたくない

渡辺和彦
小嶋康詞

栄養素の新知識・篤農家見聞録・
フミン酸、フルボ酸の活用術

肥料成分が人間の
健康に役立って
いることも解説

2

まえがき

　著者を代表して本書の前書きを執筆させていただきます。第一に御礼を申し上げたいのは誠文堂新光社の季刊誌『農耕と園芸』の編集長である。当初担当の黒田麻紀様と、途中で交代された御園英伸様である。同誌の連載は 2019 年春号より、休刊になった 2024 年夏号まで連続して毎回執筆させていただいた。なお「篤農家訪問記」には、助手として私に同行し、生産者との会話を録音して原稿を起こし、素案まで作成してくださった丸山純様にも御礼を申し上げたい。それだけではない。特筆したいのは編集長から「バイオステュミュラント特集」に 2 回とも執筆させていただいた。おそらく、そのおかげで貴重な専門書『バイオスティミュラントハンドブック』（2022 年 4 月株式会社エヌ・ティー・エス）の監修者のお一人、神戸大学大学院農学研究科の山内靖雄准教授（ご本人のお話によると、兵庫県農試に見学に来られたとき、私が当時行っていたラジオアイソトープデータについて熱く説明したそうだ。そして私の研究者としての一断面を知られたようだ）。同書に執筆の機会を与えられ、同じく同書に執筆されていた理化学研究所の関原明さんと知り合いになれた。エタノール農法の基本原理を本書にも引用紹介できたのは、同書のおかげである。

　なお、本書発行の大きな原動力の一つは、フミン酸、フルボ酸の力、「HS-2®プロ」の力である。しかし「HS-2®プロ」だけではない。長浜商店のエタノールにフミン酸、フルボ酸を加えた肥料「VF コール」がある。これも水稲収量増や巨大イチゴ、巨大ブドウの実例がある。したがって長浜商店の長浜憲孜様にもお礼をいいたい。また、その長浜様を、会うべき研究者として強く推薦してくださった株式会社サンヨネの代表取締役であられる三浦和雄様にも、深く御礼を申し上げます。

　また本書発行に直接担当者になっていただいた渡辺真人様、秋元宏之様にも感謝しています。「きちっと校正もしないと、気がすみません」と発行日を 2 月に延ばしてくださった。ありがたいです。皆様に感謝、感謝です。深く、御礼を申し上げます。

渡辺和彦

本当は教えたくない篤農家の実践技術 ● 目次

第1章　栄養素の新常識 ·······7

1　消費者庁が**硝酸性チッ素**を**機能性成分**として認めた——9
2　日本の土壌は**亜鉛不足**、高齢者の3分の1は**亜鉛欠乏**——22
3　アブラナ科野菜は大量の**ホウ素**を要求する——37
4　**ケイ酸**は2015年に、
　　すべての植物に対して**「価値ある物質」**と認められた——50
5　作物の**マグネシウム**欠乏では根の生育が悪く、
　　収穫物の品質も低下——65
6　**鉄**は還元状態では二価鉄になり、鉄毒性を示す——80
7　**CO$_2$**が地球温暖化の主要因子説はウソ——93
8　**CHO**の積極的な供給——106
9　堆肥多量連用で生じる Mn 欠乏は畑でも水田でも発生。
　　Mn 欠乏植物は、オレイン酸を減少させ、**リノール酸**を増やす
　　——120
10　三要素試験から学ぼう!
　　堆肥施肥で水田の収量低下を予防——135
11　腐植物質、**フミン酸**、**フルボ酸**について正しく学ぶ——148
12　**硫黄(S)**、**塩素(Cl)**について学ぶ——159
13　**葉面散布**の重要性を学ぶ——170
14　**迅速養分テスト**は画期的な優れた技術——183

第2章　篤農家見聞録 ·······195

1　長浜憲孜さん　宮川多喜男さん
　　巨大で**高品質**なブドウ生産——197
2　清田政也さん
　　水田転作のポイント教えます! **省力多品目栽培**のすすめ——205
3　橋本直弘さん
　　腐植物質のフミン酸、フルボ酸を含む**「HS-2$_®$プロ」**を使い、
　　病気知らずと**長期収穫**を実現——214

4 鈴木良浩さん
エタノールを含んだ肥料を使いイチゴ栽培3年で
高い糖度・収量アップに成功————223

5 落合良昭さん
作物が**タンパク質をも吸収**する事実は
1975年に**学問的裏付け**がされていた————231

6 飯塚正也さん
多量要素(Mg、S)を含む肥料を使い、
安定した糖度のスイカを栽培————240

7 陸野貢さん
三要素のひとつ、**リン酸**の葉面散布により、
「なり疲れ」、**病気知らずで安定収量**————247

8 寺田卓史さん
エタノール肥料を使って**糖度**の高い高品質の野菜を生産————255

9 大谷武久さん
BLOF理論でニンジンやカンキツの
高品質・高収量・高栄養価栽培を実現————263

10 中田幸治さん
フミン酸とフルボ酸で、水稲増収に成功。
ネギの夏季の**高温障害対策**に活用————271

第3章　フミン酸、フルボ酸の活用術················277

ワンヘルスを紡ぐ腐植物質「フミン酸、フルボ酸」
― 次代の子供たちにより良い環境をひきつぐために ―

コラム　自然と共生できる土壌改良剤　296
付録　落合良昭さんが実際に使用し効果のあった資材を紹介　304

あとがき　308

索引　310

第 1 章

栄養素の新常識

※第 1 章は『農耕と園藝』2019 年 3 月号から 2022 年 6 月号まで掲載された記事に加筆・修正をしています。

Prologue

硝酸イオンは健康効果があった

　私は以前、農林水産省に一般社団法人全国肥料商連合会（全肥商連）を介して、硝酸イオンについて関連する『農業技術の基本指針』の改正を申し込んだことがある。すると農水省は迅速に対応してくれ、硝酸イオンに関する記述を変えてくれた。このことは本文（12 ページ）にも太字で記載した「現在は有効な効果も見つかっており」の部分で、農水省も認めてくれたのだ。

　世界的に見ても、硝酸イオンはもちろん各種発見が多くあり、本文に詳しく記載しているので精読してもらえたらと思う。

　有機農業の分野では、世界的にも食物に硝酸イオンが多く含まれると食味が悪くなり、赤ちゃんが亡くなることもあるため、硝酸含有率の低い栽培方法がよいとされていることまでを、筆者である小生が変えなさいとは発言しない。ただ学問上、体によい働きをする成分でもあると世界的にもいわれている事実も知っておいて欲しく、ここに紹介をした。

　なお、農水省など公的機関には団体として申請すると受理されやすい。私が基本講座の講師を務める、全肥商連認可の「施肥技術マイスター制度」の合格者は「土づくり専門家」として農水省のホームページにお名前が掲載される。私の場合もこうした日頃の交流が大きく影響していたと考えられる。
https://www.maff.go.jp/j/seisan/kankyo/tuti_list.html

　特筆したいのは、私が説明をした後、担当してくれた方に別れ際、「硝酸イオンの健康効果については、日本土壌肥料学会でシンポジウムを開催して広報しておいてください」といわれた。学会でも新しい内容であり、シンポジウムの開催も許可された。その結果は『肥料の夜明け　肥料・ミネラルと人の健康』の書名で化学工業日報社から出版され（2018年 9 月 18 日発行）、現在も販売されている。

第1章 栄養素の新常識

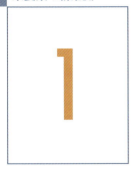

1 消費者庁が硝酸性チッ素を機能性成分として認めた

硝酸イオンは、緑内障の予防にも効果

はじめに

　2018（平成30）年9月18日、消費者庁は、同年7月20日付けでレッドファーム株式会社（山梨県北杜市、松田幹彦代表）が届け出た「極　赤汁」（届出番号：D88）を機能性表示食品[*1]として公開した。この商品には、硝酸塩（硝酸イオンとして）が含まれる。すなわち、消費者庁はあらたな機能性成分として、硝酸塩（硝酸イオン）を認めたのである。農業界にとっては非常に大きなニュースなのだが、一般の方はほとんどご存じない。そこで、硝酸塩、硝酸イオンなどの言葉の意味を知らない多くの方のために、はじめにそれらを説明しておこう。

　作物を健康に育てるにはチッ素、リン酸、カリを含む化学肥料が必要である。化学肥料を使用しない有機農業では、化学肥料の代わりに家畜ふん尿で作った堆肥を施用する。堆肥に多く含まれるチッ素はタンパク質の状態、すなわち大半は有機態の形で存在しているが、土壌に施用すると土壌微生物の作用によって、タンパク質はアミノ酸に、そしてアンモニア態チッ素（NH_4-N）になり、酸素の多い畑状態では、1週間もすると酸化されて（酸素と結合すること）硝酸態チッ素（NO_3-N）に変わる。

　植物の根はアミノ酸も吸収することができるが（海外ではアミノ酸吸収

のトランスポーター*2も各種同定済み）、私はラジオアイソトープ（放射性同位元素）でラベルをしたアミノ酸を使用して、植物は根だけでなく葉からもこれら有機物をよく吸収し転流することを明らかにしている。

　福島大学農学部の二瓶直登先生*3は、無菌培養で植物根が直接アミノ酸を吸収利用することを確認している。それによると、アミノ酸の種類によっては植物の生育を促進するものと、逆に生育を抑制するものがある。微生物もアミノ酸が大好きで、通常、アミノ酸は根圏微生物がすばやく吸収してしまい、植物はアンモニア態チッ素か硝酸態チッ素を吸収する。野菜もアンモニア態チッ素を吸収するが、アンモニア態チッ素は1週間程で土壌バクテリアによって硝酸態チッ素に変わる。

　したがって、野菜は硝酸態チッ素の形でチッ素を吸収することが多い。最近の肥料はチッ素源として尿素を含むものが多い。植物体は、尿素をそのままの形態で吸収することもできるが、やはり土壌中では酸化され硝酸態チッ素に変わっているので、それを根から吸収する。

　土壌肥料分野では、以上のように硝酸態チッ素との表現を通常使用するが、化学的には、乾燥状態では陰イオンと結合して塩の形態で存在しているので硝酸塩、水に溶けると陽イオンと陰イオンに解離するので硝酸イオンと表現する。しかし、硝酸態チッ素と、硝酸塩と硝酸イオンはほぼ同義として使用する場合が多い。本書でも同義として記述する。

　なお、同じ畑作物である麦、果樹に比べて野菜は硝酸態チッ素含有率が高いが、理由は収穫される野菜はまだ生育途中であることだ。これから花を咲かせ実が成熟して野菜の一生は終わるのだが、人間に喩えれば子供時代にヒトに食べられる。したがって、収穫期の野菜は、これから花を咲かせ実をつけるまで生きるために、貴重なチッ素肥料を根や葉柄部の液胞中に貯蔵している。このため、野菜の硝酸イオン含有率は同じ畑作の麦や果樹に比較して高いのである。

＊1　機能性表示食品：事業者の責任で効果や安全性を消費者庁に届け出た食品。特定保健用食品（トクホ）は、国が審議を行い、消費者庁長官が許可した食品。

＊2　トランスポーター：細胞膜にあるタンパク質でできた穴で、水は水の穴「アクアポリン」から吸収され、排出もされる。カリウムはカリウムの穴、硝酸イオンは硝酸イオンの穴と、それぞれ固有の穴から細胞内に出入りする。近年は遺伝子工学の発展でこの分野の研究は世界的に大幅に進展している。

＊3　筆者が最初に出会ったときは東京大学の助手であった。2020年に福島大学に転出し2022年には同大学の教授になられている。

農水省は、3年かけて硝酸イオンのヒトへの健康効果を認めた

　農水省は、一般には悪いと思われていた野菜の硝酸塩をヒトの健康によい物と認めるまでに、3年の年月をかけていた。最初は、「農林水産省が優先的にリスク管理を行うべき有害化学物質のリスト」から、2016（平成28）年1月に硝酸性チッ素を外している。

　それ以前はヒ素や、カドミウム、カビ毒、貝毒と同じように硝酸性チッ素が有害物のリストに入っていたが、「現時点で健康への悪影響や中毒発生の懸念が低い（中略）硝酸性窒素について、優先的なリスク管理の対象から外し」たと報告している。

　次いで、平成29年度には、「農業技術の基本指針」の「Ⅰ　農政の重要課題に即した技術的対応の基本方向（Ⅱ）食品の安全性の向上等1　農産物の安全性の向上（2）有害物質等のリスク管理措置の徹底　エ　野菜の硝酸塩対策」とあった、最後の「エ」の項目全体から削除した。それに関連し農研機構のホームページに掲載されていた『野菜の硝酸イオ

ン低減化マニュアル』（2006年3月1日発行）では、説明文に「硝酸イオン自体は直接人体に害を及ぼすことはありませんが、**ヒトにとって全く必要のないものであり**、体内で還元されると悪影響を及ぼす恐れがあることも一部で指摘されています」と記載されていた。この説明文の太字は筆者が変換したものであるが、この部分は間違いであった。硝酸イオンはヒトにとって必要なものだったのである。そこで、2017年3月には、以下の文章が追加記載された。「※硝酸イオンの人体に与える影響については、**現在有用な効果も見つかっており**、さらに研究が必要です。硝酸低減マニュアル内の記述については、作成時の硝酸に対する認識が反映されたものです」同じく太字は筆者が変換したものであるが、このように現在は硝酸イオンの有用な効果が見つかっていることも農水省は

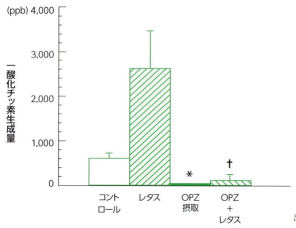

出典：Lundberg. et al. 1994

OPZはオメプラゾール（omeprazole）の略称で、プロトンポンプ阻害薬に属する胃酸抑制薬の1つ。10時間の絶食後、50gのレタスを摂取5分後に胃内のNOを測定。OPZは実験24時間前に摂取、体重60kgの人とすると、ADIの30％量の実験。

図1 レタス摂取5分後の胃でのNO生成量

認めている。

　そして、2018（平成30）年9月に硝酸イオンを機能性成分と認めたことは、農水省が3年間かけた非常に大きな方針変更の結果であるが、ホームページを見ている人にしかわからず、農業新聞や農業雑誌で話題にされることもないため、いまだに硝酸イオンは体に悪いものと思っている農業関係者は多い。

世の中の硝酸イオンに対する見方が変わったのは1994年の2つの大きな発見からである

　図1を見てほしい。レタスは硝酸態チッ素を多く含む。そのレタスを食べると口中に含まれる微生物によって20〜30%の硝酸態チッ素（NO_3-N）は、亜硝酸態チッ素（NO_2-N）に還元（酸素が奪われること）されるが、その亜硝酸態チッ素は、正常な胃では大量の一酸化チッ素（NO）ガスに変化することが1994年に別々のグループから発見された。図1のOPZは胃酸抑制薬だが、胃酸が出ないと胃内のpHは中性のままでその状態ではNOは発生しない。酸性下では、非酵素的反応（通常、物質の変化は微生物の持つ酵素反応によるが、ここでは微生物は関与していない）で、NOが発生している。

　図2は大腸菌を強酸性下に入れ室温で保存したものだが、塩酸のみでは大腸菌は死滅しないが、下段の亜硝酸塩共存下では大腸菌が死滅している。その理由は図3に示すように、大腸菌が活性酸素を出しているからである。活性酸素とNOが反応すると、過酸化亜硝酸ができるが、この過酸化亜硝酸が大腸菌のTCAサイクル（ATPを生成する、生命維持に必要な大切な回路）のうちの一つ、アコニターゼ（細胞内の鉄濃度を制御するタンパク質）を阻害して大腸菌を死滅させることを、1994年にカス

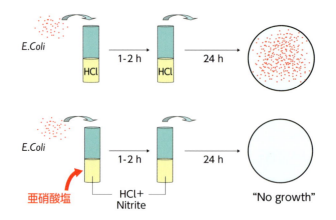

下段は Nitrite（亜硝酸塩）が添加されている
出典：Lundberg. et al.（1994）

図2 亜硝酸塩は胃酸の下で非酵素的にNOを生成し、細菌を死滅させる

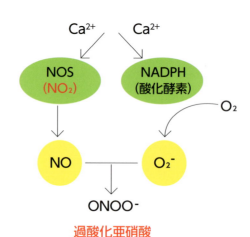

NOはピロリ菌周辺に発生した活性酸素と反応し、過酸化亜硝酸を生成。TCAサイクルのアコニターゼを阻害するのは、NOではなくONOO⁻（Castro. et al.1994）
出典：Lamattina. et al. 2007 より引用

図3 菌がNOで死滅するメカニズム

トロらが発見している。胃がんのもとになるピロリ菌も胃のなかで亜硝酸と共存すると死滅するが、同様のメカニズムによっている。

　硝酸、亜硝酸がなくても正常な人体は NO を発生するが、それは酸素存在下ではアルギニン（アミノ酸の一種）から図4に示すような NOS（一酸化チッ素合成酵素）反応系によって発生する。NO（一酸化チッ素）は大気汚染の元凶でもあるのだが、図4の右側に示すようなメカニズムによって血管の平滑筋を緩めて血管を太くし、血流をよくする働きがある。このような機能の最初の発見者グループ、イグナロ、ファーチゴット、ムラドの3名には、1998年にノーベル賞が授与されている。

　図4を端的に説明すると、NO は GTP（グアノシン3リン酸）をサイクリック GMP に変換する酵素、グアニル酸シクラーゼを活性化する。すると、サイクリック GMP が血管の内側の筋肉、平滑筋を弛緩し、血流が流れやすくなる。狭心症の方が発作で息が詰まり、苦しくなった時にニトログリセリンを飲むと NO が発生し、血管の平滑筋が緩み、血流が流れやすくなり、苦しみが和らぐのは、この原理だ。NO ガスは、血小板凝集抑制作用もある。当然、NO はヘモグロビンとも結合するが通常はすみやかに酸化され、亜硝酸イオン、硝酸イオンとなり一部は体液を巡回するが大半は尿中に排出される。健康な人は尿中の硝酸イオン含有率も高い。

　なお、この図には緑色で亜硝酸から NO の経路も記されているが、これは1994年に発見されたもので筆者が加筆した。胃の周りの血流がよくなれば、消化吸収もよくなるし、胃潰瘍も治癒することがラットの実験で明らかになっている。

硝酸イオンはミトコンドリアの
ATP生産効率も上げる

　野菜に含まれる硝酸イオンの効果は前記だけではない。2011年の大発見だが、人での実験において、硝酸ナトリウムでADI（一日摂取許容量）の1.67倍の硝酸イオンを3日間飲み、ミトコンドリアのATP生産

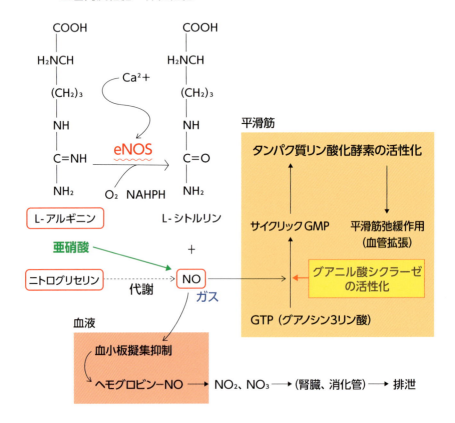

出典：『栄養機能化学』朝倉書店から引用、ただし緑色は筆者追記

図4　人体におけるNO（一酸化チッ素）の生成と代謝

効率を測定すると、それらの値が高くなり、人の活力も強くなることが発見された。そのことを報告した論文誌の表紙では、ホウレンソウを食べて元気になるポパイの絵で飾られた。まったくの偶然であるが、ポパイが硝酸イオンを多く含むホウレンソウを食べて元気になるのは本当だったのである。

　このことは、アンチドーピング協会も種々の実験を行い確認している。ただし、オリンピックに出場するような選手への効果は少なく、普通の人では水泳やマラソンでいつもより元気にスポーツが楽しむことができる程度だ。イギリスではスポーツ競技前にビーツジュースを飲むのがブームとなっているそうだ。これは、消費者庁が機能性食品として認めたと本項の冒頭で紹介した、硝酸イオンを機能性成分として含むレッドファームの商品と同じ仲間の飲料である。

　なお、硝酸イオンが肉類と反応してできる発がん性物質ニトロソアミンを気にされる方もおられる。日本では食肉製品などへの硝酸塩添加は認められている。WHO（2006年）は、発がんリスクの証拠はないとし、また、ハーバード大学（2009年）も28万人余りを24年間にわたり食事と発がん性の調査をし、腫瘍発生リスクの関係は認められないと報告している。

c-GMP 以外の系でも
亜硝酸イオンは、酵素やトランスポーターを活性化

　日本国内でも、硝酸イオンについての研究されている医薬学分野の先生方が数名おられる。いずれの方も世の中に成果を問う一流の研究をされている。徳島大学薬学部教授の土屋浩一郎先生は、経口投与した亜硝酸により血管内にNOが発生することを15Nを用いて早くに証明され

た。また近年は、亜硝酸の臓器保護作用を見つけておられる。すなわち、亜硝酸塩は害どころか体内の各種臓器を保護する力があったのである。また、琉球大学医学部教授の筒井正人先生は、マウスに硝酸イオンを含まない餌を与えて22ヵ月間飼育していると、急性心筋梗塞を含む血管病を引き起こし、死に至ることを実証し、硝酸イオンは動物の健康な成長に必須であることを世界で最初に示された。

　マウスの結果をヒトの一生に喩えて示されたのが図5である。なお、筒井先生は、硝酸イオンを含む餌を与えていると、図5の左下に記載しているように、内皮型一酸化チッ素合成酵素（NOS）、AMPキナーゼ、そして何よりもアディポネクチン（NHK、2015年10月28日の『ためして

厚生労働省2023年発表の日本人平均寿命：男性81.05歳、女性87.09歳。
実験用マウスの寿命：2年半前後

資料提供：筒井正人

図5　マウスの結果をヒトに当てはめると

ガッテン』では長寿ホルモンと表現）の活性も上げることを示されている。

　ハーバード大学が、看護師（女性6万3893人、1984〜2012年）と医療従事者（男性4万1094人、1986〜2012年）を対象とした二つの疫学研究のうち、調査中に発生した1483名（男性483名、女性1000人）の緑内症発症者（種々の発症原因等があるため、調査は原発開放隅角緑内障に限定、以下これを緑内障という）を対象、硝酸塩の摂取量と緑内障の諸症状との関連を調査した。その結果が**表1**である。

　緑内障全体ではp値は< 0.01で、1%水準で有意だった。すなわち硝酸塩の摂取量が多いと緑内障の発生リスクが約33%低下するといえる。緑内障には眼圧が高くなるタイプとそうでないタイプがあるが、それらは硝酸塩摂取量とは無関係であった（p値が、0.11、0.12と有意でない）。また緑内症には視野の周辺部から欠けてくるタイプと、中心部の視野が欠けるタイプがある。後者のタイプの緑内障ではp値が< 0.001という、誤差が0.1%以下の水準での高い信頼係数で優位だった。すなわち硝酸塩の摂取量が多いと、中心部から視野が欠ける緑内障の発生リスクは、44%低くなるといえる。

どのような野菜に硝酸含有率が高いか

　最後に、どのような野菜に硝酸イオン含有率が高いかを述べる。施肥によって野菜の硝酸含有率は高くなるが、高くなりすぎると、病害虫に弱くなる。栽培面からおのずと、チッ素施肥量は適量に制限される。一般的に硝酸イオンは根や茎に多く含まれる。したがって、ビーツ、ダイコンなどの根菜類は意外と多い。その他、中国野菜やコマツナなどのアブラナ科野菜も多い。日本の和食は硝酸イオンの摂取量が多いそうだ。

　日本では、厚生労働省が推進する健康づくり運動「健康日本21」で、

第1章

1

硝酸イオンの健康効果

19

健康増進の観点から1日350g以上の野菜を食べることを目標にしている。野菜に多く含まれる硝酸イオンも健康に役立っていた。安心して野菜を摂取して、健康な長寿人生を楽しもう。

表1 硝酸塩摂取量と緑内障発生型との統計解析結果

	グループ					p値	p値（メタアナリシス）
	1	2	3	4	5		
硝酸塩摂取量（中央値 mg／d）	女80 男81	女114 男117	女142 男148	女175 男185	女238 男254		
男女合算して緑内障発生率と比較	1	0.78	0.82	0.81	0.67	0.01	
緑内障眼圧≧22mm Hg（n＝998）	1	0.85	0.93	0.9	0.82	0.11	0.75
緑内障眼圧＜22mm Hg（n＝487）	1	0.73	0.79	0.86	0.71	0.12	
周辺部視野欠損型緑内障（n＝836）	1	0.82	0.98	1	0.85	0.5	0.01
中心部視野欠損型緑内障（n＝433）	1	0.89	0.77	0.77	0.56	＜.001	

p値の"p"は確立「probability」のpである。相関係数（r）が出る確率を表している。p＞0.05は偶然そうなる危険率が5％以上で、相関はないと判断する。p＜0.05で、95％の確率で正しいと判断する。p＜0.001は、0.1以下の危険率、99.9％の確率で正しいと判断する。すなわち、p値が小さいほど、その確かさが大きい。

出典：Kang. et al. 2016

Prologue

第1章2を読む前に

　亜鉛が種々の病気に効果があることが、数少ない日本各地の医師たちの診療活躍でわかってきた。例えば、長野県東御市温泉診療所の倉澤隆平先生は、高齢者の食欲不振、口内炎、拒食症、褥瘡（床ずれ）なども亜鉛投与（薬剤として胃潰瘍の薬：プロマックを使用）で治癒可能であることを2002年に発見された。ＮＨＫの「ためしてガッテン」でも放映されたこともあり、多くの方々が知っておられる（NHKではプロマックは商品名のため、放送では言わなかった）。

　しかし、現実はそう甘くはない。伝え聞いたところでは、褥瘡学会は亜鉛は無視し、患者さんの体位変換が最も効果の高い治療方法として、倉澤先生の講演はご存じのはずだが、亜鉛投与はなかなか普及しないそうである。権威主義の医学界では地方の温泉診療所の医師では権威がないと考えているためかとも想像する。

　また、名古屋の愛星クリニックの有沢祥子先生はアトピー性皮膚炎が亜鉛投与で治癒する事をかなり昔に発見され、主婦の友社より2002（平成14）年『アトピーが消えた、亜鉛で直った』が出版されているのでご存じの人々も多いと思われる。

　しかし、医師の有沢祥子先生にとってはそう簡単ではない。サプリメントだと、保険点数として認められない。自費診療として患者さんからサプリメント代をいただくしかなく、保険診療を主とした医師としての仕事ではなくなることが、有沢祥子先生にとっては悩ましいところでは、と筆者は想像する。

第1章
栄養素の新常識

2

日本の土壌は
亜鉛不足、
高齢者の3分の1は
亜鉛欠乏

近年における人の亜鉛欠乏の再発見

　まずは**図1**をご覧いただこう。0.1N 塩酸可溶の土壌中亜鉛の濃度分布地図である。多くの地域の亜鉛が最低値の 0 〜 10ppm 濃度だ。日本の土壌は亜鉛不足であることを本図は示唆している[*1]。

　図2は 2003 年、長野県の北御牧村（当時。現在は長野県東御市）の住民 1434 名の血清亜鉛濃度の調査結果である。筆者はこのデータを日本微量元素学会誌（2005 年）で拝見し、驚き、東御市役所（学会誌で印刷公表された当時、北御牧村はすでに東御市に合併していた）に電話をして、同市には亜鉛欠乏対策として予算が計上されていたことを知った。そしてその中心人物が倉澤隆平先生であることをお聞きし、さっそく、先生に連絡を取り、多くの資料をお送りいただいた。

　先生は東御市立みまき温泉診療所に顧問として 1999 年に赴任され、そこで高齢者の多くが亜鉛投与で回復することから、種々の亜鉛欠乏症患者であることに気づかれた。ここでは先生にとって、亜鉛の効果を発見した 2 例目の患者である、T.O さん（当時 86 歳）の事例を紹介する。

　1999 年 8 月頃、急に食欲がなくなり、認知症が進行し、ADL[*2] の低下に加え、口内炎が痛みまったく食べられないとのことで診療所を受診。

0.1N 塩酸可容の亜鉛の
土壌中濃度分布

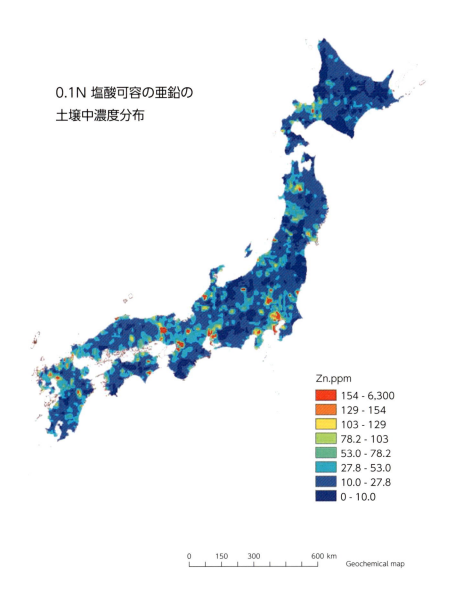

出典：https://gbank.gsj.jp/geochemmap/zenkoku/gazou_san/japan_sanZn.jpg
（産総研地質調査総合センター　0.1N塩酸抽出の全国地球化学図の亜鉛より引用）

図1　日本の土壌中亜鉛（0.1N塩酸可溶）濃度分布

時々、エンシュア・リキッド（250mLの総合栄養剤）等の投与を受けていた。2002年2月、左下肢外顆部（足首の外側）に褥瘡（床ずれ）発症。5月には悪化し、局所の軟膏療法ではまったく軽快せず、気力の衰えも進行。8月にはさらに左臀部（おしり）、左大転子部（太ももの付け根の骨の部分）にも発症。9月には大転子部は大きな褥瘡になる。9月2日では血清亜鉛値56μg/dL。デイサービスの利用も困難になり、T.Oさんはほとんど動けなくなった。家族の他、訪問介護も協力するも、9月末、褥瘡はさらに悪化増大し、脂肪層で深くトンネル状となる。食事には顔を横に向けて、口を開かない。当時年齢は90歳。往診では、これまでの経過を踏まえて、先生もそろそろ寿命か？と告げる。ただ、1例目の患者が極度の食欲不振で胃ろう造設もされていたが、亜鉛投与6ヵ月程で胃ろうも不要になった経験を思いだされて、プロマック（成分名、ポラプレジンク、胃潰瘍治療薬、後述の小野先生も同じ薬を使用）を処方された。10月7日、褥瘡の炎症がかなり治まり、締まってきた感じとなる。10月16日には見るのさえ嫌がっていた食事なのに、粥を湯飲み茶碗に2分の1杯、餅、煎餅を食す。10月21日には「味が出てきて、食べられるようになった」と言う。褥瘡も縮小して、肉芽が盛り上がってきた。10月28日には「味が出ておいしい」と言う。11月11日、褥瘡は細い1cm程の瘻孔を残して、ほぼ治癒。血清亜鉛値73μg/dL。11月18日、リンゴや牡蠣の味がわかるようになる。2003年3月、褥瘡は完全治癒。食事は何でも食べ、本人から食べ物を要求し、普通食となった。先生は半年前の寿命宣言を恥じておられる。ただ亜鉛を投与しただけなのに治ってしまった。小さな村でこの事実は村人の噂となり、2003年、村の予算で、**図2**の血清亜鉛の実態調査ができたそうだ。

　倉澤先生は次のようにまとめられている。「①多くの医師が考えているよりも、はるかに多くの亜鉛欠乏症患者が存在する。②その症状は多

様で、味覚障害はよく知られているが、食欲不振や舌口腔内症状、褥瘡の発症、慢性下痢、元気さの衰退など、一般的症状のものが多く亜鉛欠乏症と気づかれないことが多い。③血清亜鉛値は生体内亜鉛のいかなる状態を表すか不明で、基準値は正常値ではない。④診断は臨床症状、血清亜鉛値、AL-P[*3]の変動、治療による症状の変化、治療効果発現時期などから総合的に判断する。⑤亜鉛補充療法の効果は多くは劇的である」。

図2から、北御牧村の住民は高齢になるほど、亜鉛欠乏の方が増えていることがわかる。表1に亜鉛含有率の多い食品を示した。植物系で

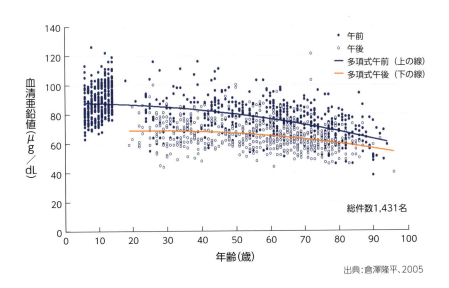

出典：倉澤隆平、2005

血清亜鉛の基準値は、80～130μg/dLが適正値。60μg/dL未満で欠乏、60～68μg/dL未満で潜在性亜鉛欠乏と評価される。しかし、倉澤氏によると、適正値でも亜鉛欠乏患者がおり、低値でも欠乏症状を呈しない者もいる。なお、この図では、午後採血者の値は午前に比べ約20％値が低い。また、この地域の食事習慣では、高齢になるほど亜鉛欠乏者が多い。

図2　血清亜鉛値の分布図　日内変動（午前・午後）と回帰曲線

は米と豆類は亜鉛を多く含む。しかしこれらは種子で、亜鉛はフィチンと結合していて人間の胃では消化されない。レバーは、ウシ、ブタ、ニワトリともに多くの亜鉛を含む。しかし、豚レバーでも1日145g以上食べないと不足である。日本人の食事摂取基準（2020年版）によると、亜鉛の1日推奨量は18〜74歳男性：11mg、12歳以上女性：8mg（妊婦：+2mg、授乳婦：+4mg）である。

 ＊1 作物体への可給態亜鉛の分析は0.01N塩酸抽出、あるいはpH7.0酢酸アンモニウム溶液による抽出がベスト。参照：渡辺和彦編著『肥料の夜明け』化学工業日報社、2018

 ＊2 ADL：Activity of Daily Living の頭文字からとったもの。食事やトイレ、入浴のような、日常生活でごく当たり前に行っている習慣的行動。

 ＊3 AL-P：アルカリフォスファターゼ。酵素の一つで、主に肝臓で作られ、多くの細胞に含まれている。本酵素は亜鉛を必要とするため、亜鉛不足ではこの値が低くなる。

アトピーも治る亜鉛補充療法

前述の倉澤先生（公表2005年）より3年前の2002年に、名古屋市の医療法人愛星会理事長、愛星クリニック・七つ星皮フ科院長の有沢祥子先生の著書（『アトピーが消えた、亜鉛で治った』主婦の友社発行）を読んだ。当初は私も半信半疑であった。しかし、前述の倉澤先生のご研究を紹介した著書を発行していた私は、2010年に近畿亜鉛栄養治療研究会（現在は日本亜鉛栄養治療研究会）を設立されていた代表世話人の宮田學先生よりお電話をいただき、同研究会への出席を勧めていただいた。その研究会に参加して多くの著名な先生方にお会いするのだが、そこに有沢祥子先生も参加されていた。私は有沢先生の著書を精読し、亜鉛のすばらしさに驚いた。有沢祥子先生の亜鉛投与量（注：銅も微量含む硫酸亜鉛製

表1 亜鉛含有量の多い主な食品

食品名	亜鉛含有量 (mg／100g)	大人1食分のおよその量	
		単位(重量)	亜鉛含有量(mg)
牡蠣	13.2	5 粒(60g)	7.9
豚レバー	6.9	1 食分(70g)	4.8
牛肩ロース(赤肉、生)	5.6	1 食分(70g)	3.9
牛肩肉(赤肉、生)	5.7	1 食分(70g)	4.0
牛もも肉(生)	4.0	1 食分(70g)	2.8
牛レバー	3.8	1 食分(70g)	2.7
鶏レバー	3.3	1 食分(70g)	2.3
牛ばら肉	3.0	1 食分(70g)	2.1
ホタテ貝(生)	2.7	3 個(60g)	1.6
飯(玄米)	0.8	茶碗 1 杯(150g)	1.2
ウナギ	1.4	1/2 尾(80g)	1.1
飯(精白米)	0.6	茶碗 1 杯(150g)	0.9
豆腐(木綿)	0.6	半丁(150g)	0.9
タラコ	3.1	1/2 腹(25g)	0.8
カシューナッツ(フライ)	5.4	10 粒(15g)	0.8
納豆(糸引き)	1.9	1 パック(40g)	0.8
煮干し	7.2	5 尾(10g)	0.7
アーモンド(フライ)	4.4	10 粒(15g)	0.7
卵黄	4.2	1 個(16g)	0.7
そば(ゆで)	0.4	ざるそば 1 枚(180g)	0.7
プロセスチーズ	3.2	1 切れ(20g)	0.6

日本臨床栄養学会編　『亜鉛欠乏の診療指針2018』より引用改変
黄色く示した食品の亜鉛はフィチンと結合しており、難消化性である。
また、白米は炊飯によって多くは分解されるそうだ。

剤）は、子供1日当たり亜鉛10〜30mg、大人45〜150mgを症状により投与されていた。

アトピーに悩まされている若者は多い。**図3**は兵庫県立農業大学校の学生の手の写真だが、ひどいアトピー性皮膚炎で、表皮がはがれ痛々しい。私は有沢先生の医院に行き受診することを勧めたのだが、学生生活は忙しく、兵庫から名古屋は遠い。そこで、彼は有沢先生の著書を精読し、市販の亜鉛サプリメントを自己責任で通常の2倍量、亜鉛成分として1日30mgを飲み始めた。すると、2ヵ月後には背中のかゆみが軽くなり、4ヵ月もすると写真に示すようにきれいな手になった。若い学生である、「これで女の子の手も握れる」と喜んでいた。しかし、皮膚症状が治ったと亜鉛補充を中止すると、また再発する。これは彼の体が一般の人より亜鉛を多く必要としていたためである。彼は社会に出て数年経つが、「あれは、人生の転換期になった」と今でも喜んでくれている。この事例は、彼が亜鉛低量投与で治癒できる体だったのであり、誰もが30mgでアトピー性皮膚炎が治癒するわけではない。偶然であったのだが、おかげで私も人の役に立つことができた。有沢先生には感謝の念しかない。

リウマチ患者への利用例

日本臨床栄養学会の「亜鉛欠乏症の診療指針2018」には「亜鉛欠乏により味覚障害、皮膚炎、脱毛、貧血、口内炎、男性性機能異常、易感染性、骨粗しょう症などが発症する。小児では身長・体重の増加不良（発達障害）もきたす。さらに、肝硬変、糖尿病、慢性炎症性腸疾患、慢性腎臓病り患者の多くでは、血清亜鉛値は低下しており、亜鉛欠乏状態であることが指摘されている。（中略）すなわち、今日のわが国では

亜鉛欠乏は稀ではない。」と表記されている。

　血清亜鉛値が低下し、亜鉛欠乏が疑われる病気にリウマチがある。日

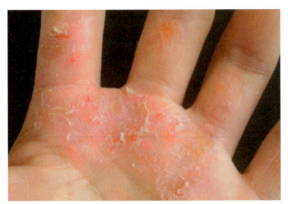

2012年7月12日　Y.W撮影

2012年11月30日　Y.W撮影

市販サプリメントの亜鉛約30mg/日を4ヵ月摂取で改善。
しかし、治ったと摂取を止めると再発した。

図3　兵庫県立農業大学校学生の事例

本亜鉛栄養治療研究会副会長でもあり、JA長野厚生連南長野医療センター篠ノ井総合病院リウマチ膠原病センターの医師・小野静一先生は、2000年（公表時）と早くから、リウマチ患者の血清亜鉛値が低位であることを指摘されている。2001年4月から2004年10月の間に同科に通院した関節リウマチ患者312例の血清亜鉛値を測定した結果、70μg/dL未満の症例は228例（73.1%）であった。このうち、抗リウマチ薬を継続投与しても関節痛が良くならないと訴える患者、または何らかの関節外自覚症状のある患者に対してプロマック（成分名、ポラプレジンク）150mg/日（亜鉛約34mg）を経口投与した。従来からの薬剤は変更しないで、自覚症状および臨床検査値の亜鉛補充前および6ヵ月後の結果を集計した。自覚症状は、関節リウマチに起因する症状および亜鉛欠乏によると思われる項目の有無、改善の有無を問診時書面（アンケート形式）にて調査されている。亜鉛補充により血清亜鉛値が上昇した62例は、男性10例、女性52例、平均年齢は62.6歳±12.2歳で、血清亜鉛値は投与前56.0μg/dL、投与後86.2μg/dLであった。有症数および改善率を図4に示す。なおほとんどの症状は血清亜鉛値70μg/dL以上で改善が見られた。顔のしみについては20例に症状が認められたが、改善率は10%と低かった。精神不安定を認めた12例について、100%の改善率であったことは特筆に値すると思う。口内炎および味覚の異常はいずれも80%以上の高い改善率を示した。また亜鉛は免疫機能に関与することから、疲労感、微熱および風邪のひきやすさが改善した。なお、亜鉛欠乏といえば、「味覚障害」が浮かぶが、血清亜鉛が50μg/dL以下の26例中でも味覚障害を訴えた症例はわずか3例（12%）であったことも、小野先生は強調されている。

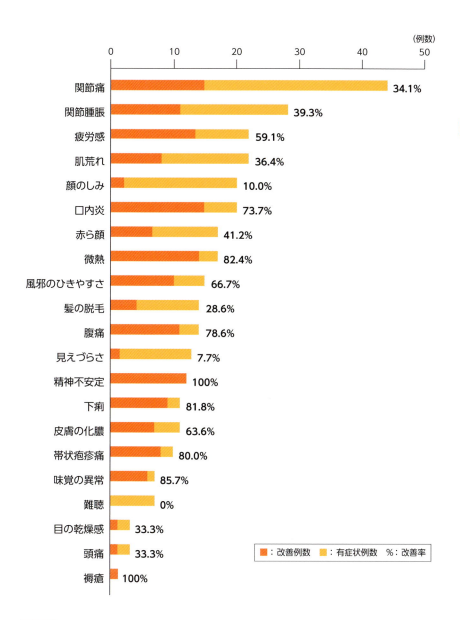

図4 関節リウマチの自覚症状と亜鉛投与後の改善率　出典：小野静一、2005

牛ふん、豚ぷん堆肥の亜鉛は作物に吸収されにくい

　筆者は、36年間兵庫県立農業試験場に研究員として在籍していた。各地域の農業試験場が中心となって、管内の各府県農試の研究員仲間が年1回集まるブロック会議は試験研究情報交流の場として非常に貴重だった。そのような場で得た情報の一つが、**表2**である。国立近畿・中国農試に在籍されていた堀兼明さんの発表である。牛ふん、豚ぷん堆肥中には銅や亜鉛も多く含む。しかし、そこで収穫されたタマネギの亜鉛含有率は無堆肥の化学肥料のみのほうが高いのである。当時は牛ふん、豚ぷんに多く含まれる亜鉛や銅の過剰集積を誰もが心配していた時代であったため、驚きは非常に大きかった。理由はふん尿堆肥にはリン酸も多量に含まれており、多量に存在する亜鉛は、リンと結合していて、不可給態になっていたのである。日本の農地はリン集積農地が多い。海外では作物への亜鉛補給は土壌への施用より葉面散布のほうが効果的との報告もある。

亜鉛の人への健康作用

　食事で得た亜鉛は主に十二指腸、空腸[*4]より取り込まれる。亜鉛の細胞内への取り込みは14種のZIPトランスポーター[*5]が、細胞外への亜鉛分泌には10種のZnTトランスポーター[*6]が関与している。排出経路は膵液中への分泌をする糞便中への排泄が主であり、尿中への排泄は極めて少ない。その他、汗への排泄経路がある。スポーツ競技者での亜鉛欠乏の原因は、汗からの亜鉛排泄の増加と考えられている。

　亜鉛は300種類以上の酵素の活性化に必要で、細胞分裂や核酸代謝などにも重要な役割を果たしている。主な亜鉛酵素にはDNAポリメラ

表2 家畜ふん堆肥19作連用試験圃場のタマネギ球部亜鉛含量と土壌の全・可溶性亜鉛

出典：堀兼明ら（2005）

	化成		牛ふん			豚ぷん		
銅	1		0.5	1	3	0.5	1	3
タマネギの亜鉛	41	＞	11	13	21	17	17	34
土壌の全亜鉛	78	＜	78	82	97	87	100	135
土壌の可溶性亜鉛	7	＜	9	13	26	15	30	81

17作までダイコン、以降エダマメとタマネギの交互作。
堆肥毎作施用。化成はN＝18kg/10a、堆肥はT-N相当量。
0.5：半量区、3:3倍量区。牛ふん：稲わら牛ふん堆肥。
豚ぷん：おがくず豚ぷん。亜鉛の単位はppm。マルチ栽培。
土壌の可溶性亜鉛は、0.1M塩酸抽出。塩酸可溶で作物への可溶性ではない。

ーゼ、RNAポリメラーゼ、スーパーオキシドディスムターゼ（SOD）などがある。さらにタンパク質の構造維持にも亜鉛を必要とするのでタンパク質合成全般にも亜鉛は不可欠である。

　長寿で活躍されていた「きんさん」「ぎんさん」（100歳を過ぎてもお元気だった双子姉妹）の血液中に、普通の人よりアディポネクチン「長寿ホルモン」が高濃度含まれていた。その受容体を2015年に理化学研究所、東京大学のグループが同定したが、図5のように亜鉛を含んでいた。アディポネクチンは主として運動によって増加する[7]が、東京大学の門脇孝、山内敏正両先生らの研究でそれは、全身の臓器、肝臓、脂肪細

胞、骨格筋、血管、マクロファージ、心臓、脳、がん細胞などにも**図5**のような受容体があり、それにアディポネクチンが結合し、各種臓器、細胞に幅広く長寿に良い作用（例えばがん細胞は、死滅する）をすることが明らかになっている。亜鉛の健康への多彩な効果の一因は**図5**の働きも大きいと筆者は思っている。

> ＊4　小腸とは十二指腸・空腸・回腸のことを指す。十二指腸は胃と小腸をつなぐ消化管で、空腸は十二指腸から続く小腸の一部で、回腸に続く。空腸と回腸の明確な解剖学的境界はないが、おおむね口側の5分の2が空腸、残りの5分の3が回腸とされる。

> ＊5　ZIP トランスポーター：亜鉛を細胞外や細胞内小器官から細胞質内へ輸送する。

> ＊6　ZnT トランスポーター：亜鉛を細胞質内から細胞外、細胞内、小器官へ輸送する。

> ＊7　アディポネクチンは食事からの硝酸イオン、マグネシウム、ホウ素、ケイ素などによっても増加する。参照：渡辺和彦編著『肥料の夜明け』化学工業日報社発行、2018

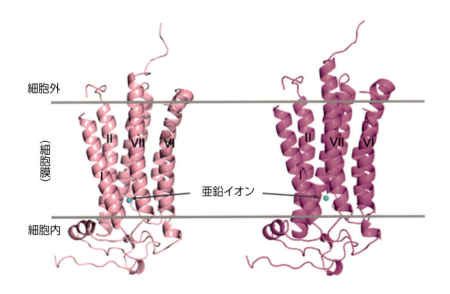

図5 アディポネクチン受容体（AdipoR₁：左、AdipoR₂：右）の立体構造図

理化学研究所プレスリリース研究成果（2015年）より引用承認済み。本受容体の膜貫通部位に亜鉛が結合したものが見つかったのは初めてである。亜鉛イオンと相互作用するアミノ酸残基はアディポネクチン活性に重要であることも確認済み。

Prologue

ホウ素は植物でも動物でも必要な要素だった

　京都大学の間藤徹先生は、当時は助手であったと思うが、植物での必須元素であるホウ素が、植物細胞壁にある細胞壁ペクチンを架橋することで、従来から全くわかっていなかったホウ素の機能的働きを世界で最初に発見された。非常に大きな成果で、間藤先生から植物栄養学の啓蒙書を執筆していた私に、学会誌に掲載された同じ写真（本書38ページに掲載　写真1、2）を送付してくださった。貴重なデータである。

　細胞壁は、植物細胞にあって動物細胞にはない。発見当時は世界的にもホウ素は植物のみに必要で、動物細胞には必要のないものとされていた。そこで高橋英一先生は、間藤先生の発見は、当時の一般論の説明にも通じるものとして、講義でも書籍でも（『植物栄養の基礎知識』農山漁村文化協会、1993年）ホウ素は細胞壁にある物質の安定化に役立つ物として植物のみに必須で、動物には必要でないものと説明されていた。

　ところが、私も1999年1月に東京大学で講義の機会を与えられ、ちょうどアメリカ留学より帰国されたばかりの藤原徹先生（現・東京大学教授）にそれが間違いであることを、教えていただいた。フォルトの実験（1998年）によると、ホウ素が欠如したエサをアフリカツメガエルに与え、飼育した親から得られた卵を採取したところ、卵自体の大きさにホウ素欠如の影響はみられなかったものの、受精後は90％以上の受精卵で発達異常を示し、死に至ったそうだ。動物でもホウ素が必須だったのである。

第1章
栄養素の新常識

3

アブラナ科野菜は大量のホウ素を要求する

ホウ素は、がんを抑制し、骨形成、長寿、ヒトの健康に必須

堆肥を十分施用していても
アブラナ科野菜栽培にはホウ素補給が必須

　表1は、三浦半島で実際に使用されている牛ふん堆肥の各種微量要素含有率を測定したものである。左欄には冬ダイコンと春キャベツの各種微量要素吸収量が示されている。

　このなかで、ホウ素（表中のB）に注目いただこう。堆肥1t施用ではホウ素はまったく足りていない。10a当たり3t施用にしても足りない。牛ふん堆肥は、もともとホウ素が少ないのだ。堆肥を作るのに野菜残渣を使わないためである。昔は稲わらや、最近では木材の引き粉を使っているが、木材は野菜ほど多くのホウ素を含んでいないのだ。

　そもそも、堆肥を施用していても多くの微量要素は不可給態である。例えば、亜鉛は牛ふん中に多量に含まれているリンと結合し不可給態になっている。銅は有機物との結合力が強くて、作物に吸収されない形態で存在している。マンガンは微生物活性が堆肥では強く、不可給態の4価マンガンになっている。したがって、堆肥を施用していても微量要素を肥料として与えるのが正しい施肥法なのである。

表1 作物による微量要素吸収量と堆肥の含有量（三浦半島）

元素	作物による吸収量 (g/10a) 冬ダイコン	春キャベツ	合計	堆肥中含有量 (現物1t当たりg) 最小	最大	平均
B	32.1	36.9	68.9	2.1	16.9	9.1
Mn	13.3	19.6	32.9	105	167	137
Fe	100.8	100.5	201	148	5902	2430
Co	0.136	0.129	0.265	1.31	3.37	2.01
Ni	0.776	1.89	2.66	2.28	7.48	4.5
Cu	6.68	6.88	13.6	9.9	69.5	25.1
Zn	14.8	21.3	36	52	199	110
Mo	0.397	0.335	0.732	0.44	1.67	0.93

出典：岡本、(1997)

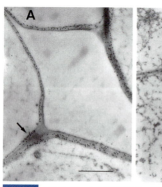
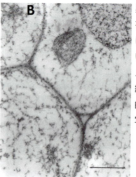

黒い点がホウ素-RG-II複合体の局在部位。Aは外皮の成熟細胞で、Bは中心柱の形成層に近い未熟細胞。いずれにおいてもホウ素-RG-II（ラムノガラクツロナンII）複合体が細胞壁に局在していることを視覚的にも明らかにした世界で最初の写真。

写真1 ダイコンの根細胞におけるホウ素-RG-II複合体の抗体による免疫電顕写真（間藤徹原図）

右下の棒は1μm。ホウ素欠乏症は不稔として現れやすいが、この写真は花粉管細胞壁に大量のRG-IIが存在し、ホウ素の要求性を裏づけている。

写真2 伸長中のユリ花粉管細胞壁におけるホウ素RG-II複合体の分布（黒い点）（間藤徹原図）

ホウ素は植物、
特にマメ科、アブラナ科植物に多く必要

　ホウ素が植物体の健全な生育に必要なことは、1923 年に Warington
がソラマメを使った実験によって実証した。例えば、ホウ素が欠乏する
とカブやダイコン、テンサイの根の芯腐れや肌荒れ、セロリの茎割れ、
リンゴやトマトの縮果病、ナタネ、ブドウの不稔などが生じる。これら
にホウ素を施用していると予防効果が現れやすく、植物での必須性は古
くから明らかになっていたのだが、ホウ素の生理作用は長年不明のまま
だった。そんななか、元京都大学農学部教授の間藤徹先生が、ホウ素は
細胞壁ペクチンを架橋することを 1996 年に世界で初めて証明した。そ
の貴重なデータを**写真 1**、**写真 2** に示す。

　植物にしかない細胞壁にホウ素が必要で、細胞壁のない動物にはホウ
素は必要がないと、当時の教科書には書かれていたし、講義でもそのよ
うに学んだ記憶がある（高橋ら、『作物栄養学』、朝倉書店、1969）。この図
書が出版されてから 2024 年でちょうど 55 年になるが、学問の進歩は
50 年前の常識が間違いだったことを明らかにしている。

ホウ素は人でも必須

　ホウ素の生物界での必須性は、光合成細菌である Anabaena のチッ素
固定にホウ素が必須であることが 1986 年に認められていたが、1999 年
に酵母の増殖がホウ素欠除で劣ることや、アフリカツメガエル、ゼブラ
フィッシュ、マスおよびマウスの正常な発育にホウ素が必要であること
が示された。そして 2002 年に藤原徹ら東京大学のグループが、世界で
初めて高等生物界でホウ素のトランスポーターをシロイヌナズナで同定

した。

　一方、アメリカ農務省の Penland は、**表 2** の脚注に示すように、人での管理された代謝ユニット生活における厳密な実験で、ホウ素の摂取不足は、栄養失調の時のように脳の電気的な活動が低下することや、短期的の記憶や刺激に対する反応時間が低下することを明らかにしている。食事制限を厳密に行ったヒト試験で、さすがアメリカ農務省の研究機関と思う。ホウ素欠乏では目が開いていても、ポーッとして眠っているような状態になるそうだ。

　また、同じくアメリカ農務省の Nielsen (1998) は、データは省くがホウ素を十分摂取していると閉経後の女性でも血液中の女性ホルモンの濃度が高くなったり、尿より流亡するカルシウムやマグネシウムの量が減ったりするため、ホウ素はヒトの骨形成を促進していることが予想で

表2　ホウ素は高齢者の脳を活性化する

	実験I 13人(50〜78歳)		実験II 15人(44〜69歳)		実験III 15人(49〜61歳)	
ホウ素摂取量 mg/日	0.25	3.25	0.25	3.25	0.25	3.25
記号認識テスト 反応時間 秒	2.3 >	2.23	2.14 >	1.88	2.27 >	1.98
言語認識テスト 反応時間 秒	2.46 >	2.33	試験せず		試験せず	

出典：アメリカ農務省の研究、Penland. 1994

実験Iは、21日間の低B食事後、42日間0mgB（プラシーボ）と3mgBサプリメント処理。
実験II、IIIは、14日間の低B食事後、49日間の上記処理。

（脚注）被験者は、48〜82歳の閉経後の女性13名で、試験期間中の167日間は、管理された代謝ユニット生活を送った。低ホウ素の食事は野菜や果物摂取量をわずかにして、牛肉、豚肉、米、パン、ミルクを含む通常の食事で、ホウ素摂取量は0.25mg/日、ホウ素以外の不足するミネラル、ビタミン類はサプリメントで補充。追加ホウ素はホウ酸ナトリウムで3.25mg/日での実験。

きることを示した。

その後のヒトでの研究の進歩は著しく、2015 年（Pizzorno）には「ホウ素ほど興味深いものはない」との表題の総説が出ているのだが、その内容を少し詳しく紹介する。

一番大きな進歩は各種がんに対する予防効果と、治療でホウ素を投与すると、がんの進行を遅らせたり、がん細胞をアポトーシス（プログラム細胞死、自殺）させる、すなわちがん細胞を殺すことが多くの臨床的実験で明らかになっていることだ。例を挙げれば、アメリカの National Health and Nutriton Examinations Survy（2012）では、ホウ素の 1 日摂取量が 1.8mg 以上の男性は、0.9mg 以下の男性と比較して、前立腺がんのリスクが 52% 低かった。そして、マウスの実験では、前立腺腫瘍のサイズを縮小させ、腫瘍組織のインスリン様増殖因子 1（IGF-1）のレベルを著しく低下させた（IGF-1 シグナル伝達経路は、がんの進行を促進する。その下方制御はリスク低下を示している）。

共通因子としてがん細胞のアポトーシスの誘導が証明されている糖ホウ酸エステルはホウ素運搬体として作用し、正常細胞に比較してがん細胞内のホウ酸濃度を増加させる。ホウ酸塩の細胞内増加は、ホウ酸塩輸送対体を活性化するだけでなく、増殖阻害およびアポトーシスをもたらす。

次に創傷治癒の改善メカニズムの解明である（創傷とは、身体の外側から、刃物などによって加えられた傷のこと）。

深い創傷に 3% ホウ酸溶液を適用すると、集中治療に要する時間が 3 分の 2 に短縮する。繊維芽細胞（動物の結合組織で最も一般的な細胞。細胞外マトリックスとコラーゲンを合成し、創傷治癒に重要な役割を果たす）のホウ素は、繊維芽細胞の酵素、エステラーゼ、トリプシン様酵素、コラゲナーゼおよびアルカリホスファターゼの活性化を促進する。そして細胞

外マトリックスのターンオーバー（代謝回転）を改善し、組織関連タンパク質のメッセンジャー RNA（mRNA）発現を調節する。BMP（骨形成タンパク質）トランスフォーミング増殖因子（TGF-β）の上科に属する多機能性成長因子を活性化し、新しい軟骨と骨組織の形成を誘導することなどが明らかになっている。

なお、前記の総説には、以上以外にもホウ素には多くの効能があることが記載されている。専門家には非常に重要なことなので、ここに列記しておく。①体内のエストロゲン（女性ホルモン）、テストステロン（男性ホルモン）、ビタミン D の作用に有益な作用を及ぼす。②マグネシウムの吸収を高める。③高感度 C 反応性タンパク質（hd-CRP）および腫瘍壊死因子α（TNF-α）などの炎症性バイオマーカーレベルを低下させる。④スーパーオキシドディスムターゼ（SOD）、カタラーゼ、グルタチオンペルオキシダーゼなどの抗酸化酵素のレベルを上昇させる。⑤農薬による酸化ストレスや重金属毒性を防ぐ。⑥ S-アデノシルメチオニン（SAM-e）およびニコチンアミドアデニンジヌクレオチド（NAD$^+$）などの重要な生体分子の形成および活性に影響を与える。⑦従来の化学療法剤の副作用を改善するのに役立ち得る。

重要な補足をする。米国人の 1 日ホウ素摂取量は、1999 年に約 1mg/日と推定された。しかし、今日までに行われた多くの研究のいずれにおいても、ホウ素の有益な効果は 3mg/日を超える摂取量で現れている。ホウ素の推定平均必要量、または食事基準摂取量は設定されておらず、18 歳以上の許容摂取量が 20mg/日とされているのみである。

食品のホウ素含有率

　現在入手可能なコンピュータソフトウエアーデータベースの食品のホウ素含有率データ（ESHA, Salem, OR. USA）は残念なことだが、ホウ素を3〜4倍も高く評価している事実が明らかとなっている。**表3**は、新たに現在の化学分析法を用いて、ホウ素が最も豊富な10種類の食品のホウ素含有率を報告したものである。データベースのなかには現在の化学分析値では1.2mg/日だが、過去のデータでは、4.5mg/日（バージョン7.32）、5.0mg/日（バージョン8.1）、5.3mg/日（バージョン9.9）となるものもある。非常に残念なことだが、注意が必要である。

ホウ素の過剰障害は植物でも動物でも危険

　ホウ素の特徴は、他の元素と比較して、適濃度幅が植物でも動物でも非常に小さいことである。世界で最も安価な殺虫剤として、シロアリやゴキブリの駆除にホウ酸（ホウ素化合物）が使用されている。哺乳類は腎臓により余剰なホウ酸は処理されるが、腎臓を持たないシロアリやゴキブリがホウ酸を摂取すると死に至る。植物でもホウ素の過剰障害は発生しやすい。

　このように説明すると、ホウ酸団子のそばをゴキブリが這っている光景を思い出し、ホウ酸団子はゴキブリに効かないと思っておられる方もいるだろう。実はホウ酸は、味も匂いもなく、市販のホウ酸団子はゴキブリの好きな匂いを発するように製造されており、ホウ酸団子には4〜5ヵ月という短い賞味期限がある。新しいホウ酸団子だとゴキブリは死ぬが、賞味期限の過ぎたホウ酸団子はゴキブリも舐めないので、効果がない。

表3 新しく化学分析をやり直した一例

食物	mg/100g
アボカド Avocado	1.43
ピーナッツバター Peanut butter	0.59
ドライピーナッツ Peanuts, dry	0.58
プルーンジュース Prune juice	0.56
粉末チョコレート Chocolate powder	0.43
赤ワイン Red wine	0.36
グラノーラ−レーズンシリアル Granola-raisin cereal	0.36
ブドウジュース Grape juice	0.34
ペカン／ピーカンナッツ Pecans	0.26
レーズンブラン Raisin bran	0.26

出典：Meacham. et al. 2010
従来のホウ素分析値は高すぎる例が多い

　イヌでの実験ではホウ素を摂取しすぎると、精子の数が減ることが明らかになっている。精子は他の細胞と異なり、がん細胞と類似していつでも活発に増殖を繰り返している。合成を活発にしているがん細胞は、エネルギーを絶えず必要とし、大量の糖や核酸塩基を餌に細胞は増殖する。多量摂取されたホウ素は糖や核酸塩基とも結合しやすく、増殖の盛

んな精子製造細胞やがん細胞は糖や核酸塩基と同時にそれらに結合したホウ素も大量に摂取する。近年の男性不妊の大きな原因はホウ素過剰摂取による精子数の低下である。それが出生率の低下と関係があると困るので、現在水道水中のホウ素含有率は1ppm未満と決まっているが、WHOはもう少し低い0.3ppmを推奨した。

そこで多くの国で水道のホウ素含有率の再調査が行われた。図1はフランスの例である。フランスでも水道水のホウ素含有率の上限は1ppmだが、0.3ppmを超える水道水を飲用している地域がある。フランスは文明国で、当然市町村の出生率や死亡率のデータもある。すると、0.3ppm以上の水道水を飲用していたところの出生率は逆に高く、高齢者の死亡率が低かった。すなわち微量のホウ素は人の寿命を延ばし、出生率を高くしていた。微量のホウ素は害どころか有用であったのである。

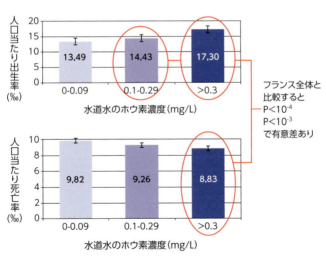

図1 北部フランスで0.3ppm以上の飲料水を飲む地域の人々は、出生率が高く長寿である

同様のデータは中国でも、イランでも公表されている。現在 WHO は、ガイドラインとして 0.5ppm を提示している。

高品質で、異常気象に強く、多収に良い肥料のお話

アブラナ科野菜専用肥料の話もしておこう。すでに述べたように、アブラナ科野菜はホウ素を他の作物よりも多く必要とするが、ホウ素単品で施用するのは過剰障害を起こすこともあり、勧められない。高品質で、異常気象にも強く、多収穫を得るには、作物の必要とする微量要素すべてが適量入っている肥料が望ましい。筆者がお勧めしたい、そうした肥料が数年前からすでに愛知県豊橋市、田原市などのキャベツ、ブロッコリー栽培地域で普及しはじめ、すでに地域の多収、良品、安定生産に寄与しつつある。

なお、筆者は元公務員である。公務員ではこうした資料に具体的に肥料名を執筆することは許されない。しかし、関係者のためには具体的に肥料名を出さないと、真意が伝わらない。そこで今後筆者は、具体的に良いと思われる肥料名は筆者の責任の下、公表することとした。

その肥料の商品は小西安農業資材株式会社製造の「ホウ作畑」という。成分含有率を**表4**に示す。マグネシウム、イオウ、ケイ酸（日本の肥料取締法ではケイ酸（SiO_2）として、内容成分含有率を記載するため）を多く含むミネラル肥料である。ここにケイ酸も入っているのが目新しい。詳しくは第1章4で説明するが、ケイ酸は稲、麦などの単子葉作物だけでなく、広く双子葉植物である野菜にも必須であることが EU の研究者などにより最近明らかになっている。ケイ酸は病害虫対策もだが、特に高温などの異常気象対策にも葉からの水分蒸散を多くし、葉温を下げるなどの効果を発揮する。海外では EU でバイオスティミュラント肥料とし

表4 アブラナ科野菜栽培に適したホウ素を必要量含んでいる肥料の元素含有率

ミネラル肥料「ホウ作畑」　　使い方：基肥 2 ～ 3 袋／反または追肥 1.5 袋／反

苦土	ケイ酸	イオウ	ホウ素	マンガン	鉄	銅	亜鉛	モリブデン
13.5	14.0	12.0	1.00	0.40	1.18	0.02	0.029	0.004

単位は％。筆者推奨肥料：理由は次号でも説明するが、野菜にもケイ素、苦土、イオウを施用したほうが良品質・多収・異常気象対策に良いため。

追肥専用肥料「ホウ作畑　N14 号」　　使い方：追肥時に 2 ～ 3 袋

チッ素(アンモニア態)	苦土	ホウ素	マンガン	鉄	銅	亜鉛	モリブデン	ケイ素
14.0	3.5	0.20	0.10	0.354	0.006	0.0087	0.0012	4.2

チッ素・苦土・マンガン・ホウ素は保証成分。銅・亜鉛・モリブデンは効果発現促進材として登録成分となる。

てケイ素（正しくは商品名 AB Yellow といい、低濃度のケイ酸、厳密には Silicic acid（オルトケイ酸 H_4SiO_4））を主成分とする肥料が卓越した効果を示すのだが、現在は日本に輸入されていない。オランダの会社より成果の示された肥料は入手した。しかし後日、このメーカーの肥料データがよすぎるという理由から、アメリカでの評判がよくない、ということを知った。現在、アメリカの仕事は中断しているそうだ。なお、同肥料と同じ成分のケイ素を含有した肥料が、有限会社 グリーン化学から「正珪酸」の名前で販売されている。この肥料の効果は、日本の稲作りでは著名な方が試験をし、効果に驚かれているとの情報が入っている。筆者はここに紹介する価値があると判断した。

　このことは 2019 年 7 月 23 日、東京大学の伊藤謝恩ホール（400 名満

席）で開催された日本バイオスティミュラント協議会主催の講演会でも、筆者は作物に吸収されやすいケイ素肥料として紹介した。

あとがき

　子供の時、風邪をひいたら母親がリンゴジュースを作って、飲ませてくれた。なんともおいしくて、さわやかな気持ちになり、風邪も吹き飛んだ思い出があるが、多くの読者もそのような思い出をお持ちと思う。リンゴジュースにはホウ素がたっぷり入っていたのである。ホウ素は万病に効果を示してくれるのである。

Prologue

ケイ酸の価値を読むにあたって

　ケイ酸については京都大学で20年後輩である、岡山大学の教授を務められている馬建鋒先生に種々お世話になっている。彼は若い頃（2006年）にケイ酸トランスポーターを世界で最初に単離同定し、超一流の科学雑誌Natureに投稿、受理されている。その貴重な写真を筆者の『作物の栄養生理最前線』（農山漁村文化協会、2006年12月）の前書きに掲載させていただいた記憶がある。その後の彼の研究発表論文数は著しく多く、文部科学省関係者もよくご存じで、59歳の若さで令和4年秋、紫綬褒章を受章されている。国際的な受賞も多い。2023年には国際肥料協会から「Norman Borlaug Plant Nutrition Award」を受賞したり、2024年6月にアメリカ植物生物学会から、Dennis R. Hoagland Awardを受賞されている。

　ケイ酸は2015年にすべての植物に対して「価値ある物質」として認められた。これも馬先生が、ケイ酸トランスポーターを発見し、それまでケイ酸研究は日本人中心だったが、現在は世界中の研究者がケイ酸の魅力を感じ、多数の研究が発表されたおかげでもある。人への効果研究を馬先生はしていないが、人の健康へのプラス効果も大きい。とくに、琉球大学の真栄平房子先生が古くから長寿ホルモンを活性化する事を発見されたことも大きいが、現在では、骨ホルモンともいわれるオステオカルシンもケイ素で活性化することもわかり、人の健康でも必須元素として知られている。

第1章
栄養素の新常識

4

ケイ酸は2015年に、すべての植物に対して「価値ある物質」と認められた

ヒトに対しては**オステオカルシン**を合成し、**若返り物質**として作用する

はじめに

　私は、全国肥料商連合会が主催、農林水産省後援の施肥技術講習会の常任講師として、2011（平成23）年より2023（令和5）年2月まで日本全国で毎年4回と決って開催されており、講演をしていた。北海道から九州までを巡回しているが、各地の肥料販売業者と直接お付き合いさせていただくことも多い。その利点が最近ハッキリしてきた。各地の肥料販売業者が現場で気づかれた最新ニュースが入ってくることである。それは、「なぜその肥料が作物生育に効果が出るのか。その理由を説明してほしい」という私への質問からである。

　2018（平成30）年の10月に新潟県の株式会社ネイグル新潟の清田政也さんより、今まで水稲中心に施用していたミネラル肥料「ハニー・フレッシュ」（小西安農業資材株式会社）をスイカ、長ネギ、アスパラ、大豆、キュウリなどに葉面散布すると野菜の品質向上や多収穫につながったという事実がもたらされた。その肥料の名前と含有成分、そして試験途中の生育状況も見学した、効果確認試験の調査結果を**表1A**、**B**に示す。当該葉面散布肥料が長ネギの生育収量を増加しているのは明らかである。

　肥料業者の持つ疑問の第1点は、葉面散布である。最近の日本の教

科書では、葉面散布のことはまったく触れられていない。昔の古い教科書や海外の書籍には載っている。例えば、私達が翻訳した書籍『人を健康にする施肥』（全国肥料商連合会、2015年刊）には小麦胚乳の亜鉛含有率を上げるのに、土壌への亜鉛施肥ではまったく効果がなく、乳熟期に

表1A　葉面散布剤：ハニー・フレッシュの成分（%）

苦土	コロイド ケイ酸	硫黄	鉄	マンガン	ホウ素	銅	亜鉛	モリブデン
14	13	12	1.2	0.4	0.3	0.02	0.03	0.004

製造・販売元：小西安農業資材株式会社

表1B　新潟県における長ネギに対するハニー・フレッシュの効果確認試験例

区	全体数 (本)	規格別本数 /1.2m (本)				全重	出荷 調整重	軟白径
	/1.2m	L	M	S	規格外	(g)	(g)	(mm)
対照区	47	6	14	22	5	184	98	13.7
試験区	45	10	20	14	1	175	106	14

区	全体数 (本)	規格別本数 /1.2m (本)				全重	出荷 調整重	軟白径
	/1.2m	L	M	S	規格外	(g)	(g)	(mm)
対照区	比率 %	100	100	100	100	100	100	100
試験区	比率 %	167	143	64	20	95	108	102

試験農家：阿部俊之様、指導機関：JA新潟市木崎営農センター

試験期間：2019年4月10日〜9月3日（調査日）　長ネギ：品種（ホワイトタイガー）

葉面散布：500倍液（150L/10a）　散布日：6月20日、6月27日、7月8日、7月16日、7月21日、7月24日に農薬と同時施用計6回散布。

なお、計量区分は新潟県のネギ出荷規格による。全長60cm。軟白部の長さ30cm以上。

軟白部の太さ　L：1.5cm以上、2.0cm未満。M：1.3cm以上、1.5cm未満。S：1.0cm以上、1.3cm未満。

亜鉛を葉面散布すると効果が認められたとのデータが紹介されている。私も思い当たることがある。味の素株式会社から葉面散布剤の試験依頼を受け、その肥料が海外、例えばブラジルやフランスでは、微量要素とともにアミノ酸入り葉面散布剤として大量販売されている事実を教えられ、驚いた経験がある。私もイチゴでその肥料の、うどんこ病抑制効果を再現できた。もちろん、アミノ酸が葉よりよく吸収され、病害抵抗性を示す特定遺伝子群の活性化まで影響していることも味の素株式会社で確認されていた。

マグネシウム、硫黄、ホウ素は品質向上に効果

　表1Aの当該肥料の主成分は大量のマグネシウム（苦土）と硫黄、そして微量だがホウ素も含んでいる。これを見て私は海水農法を思い出した。表2に海水成分と作物培養液の成分濃度比較を示した。海水そのままでは作物に障害が出るので、ミカンなどでは14倍に海水を希釈して葉面散布している。そうすると糖度の高い、おいしいミカンが収穫できる。千葉県でも海水散布のネギなどが栽培されている。効果が現れる理由は海水に多く含まれているマグネシウムと、硫黄とホウ素のおかげである。農家は三要素肥料に加え、土壌pH矯正用にカルシウムを施用するが、通常これらの肥料にはマグネシウムと硫黄とホウ素は含まれていない。昔はpH矯正に苦土石灰を使用していたが、現在はカキ殻である。カキ殻にはマグネシウムはほとんど含まれていない。また、昔の三要素肥料には硫酸アンモニウムと過リン酸石灰が用いられていた。硫酸アンモニウムや過リン酸石灰（リン鉱石に硫酸を添加してリンを可溶化）には硫黄が含まれている。硫黄は水田では硫化水素を発生するとのことで、長年使用が拒絶され、近年は硫黄不足の水田も多い。硫黄もマグネシウ

表2 海水と作物用培養液の濃度比較

mg／L

元素	海水	培養液	元素	海水	培養液
Cl	19000		Fe	0.01	3
Na	10500		Zn	0.01	0.05
Mg	1350	48	Mo	0.01	0.01
S	885	64	Cu	0.003	0.02
Ca	400	160	As	0.003	
K	380	312	U	0.003	
Br	65		Kr	0.0025	
Sr	8		V	0.002	
B	4.6	0.5	Mn	0.002	0.5
Si	3		Ni	0.002	
C	2.8		Ti	0.001	
F	1.3		Sn	0.0008	
Ar	0.6		Sb	0.0005	
N	0.5	224	Cs	0.0005	
Li	0.17		Se	0.0004	
Rb	0.12		Y	0.0003	
P	0.07	41	Ne	0.00014	
I	0.06		Cd	0.00011	
Ba	0.03		Co	0.0001	
Al	0.01				

海水は水耕培養液のMgは28倍、Sは14倍、Bは9倍濃度。

ムもホウ素も、海水農法で知られているように葉面から十分吸収する。

ケイ酸はすべての作物に価値ある物質

　第2の疑問点はケイ酸である。本項では、ケイ素の（元素記号Si）4水酸化物、オルトケイ酸（$Si(OH)_4$）をケイ酸と呼ぶ。肥料成分の二酸化ケイ素SiO_2も肥料学ではケイ酸といい、紛らわしいが、トランスポーターが吸収するケイ酸の形態がオルトケイ酸のためである。

　ケイ酸が水稲に効くことは明治時代からわかっていたが、畑作物に効果があることはほとんど知られていない。しかし、今から約40年も前に岡山大学の故・三宅靖人教授は京都大学の高橋英一教授とともに、トマト、キュウリ、大豆でケイ酸無添加では生育障害が発生することを発見した。双子葉植物でもケイ素が必要である証拠になる重要な発見だが、生育温度が25℃以下では障害が再現できなかった。理由は現在も不明のままだ。そうした発見があった1994年頃までのケイ酸に関する研究は、日本の研究者を中心とした約200報だけであった。その後、ケイ酸研究が世界で盛んになり、特に2006年、馬建鋒（現・岡山大学資源生物科学研究所）らは高等生物界では世界で初めてケイ酸トランスポーターを同定した。1994年以降現在までに、ケイ酸に関する報文は世界で約800報出ている。

　世界的に近年非常に多くの研究がなされ、そして高等生物界すべてでケイ酸の各種役割が明らかになった。2015年にはケイ酸はあらゆる作物、双子葉植物の野菜だけでなく、花、果樹などにおいても、必須元素の定義にはそぐわないが、生物学的障害（病原菌など）あるいは非生物学的障害（高温、乾燥、有害元素など）に抵抗力を示すという、植物栄養学的に有用な役割が明らかとなり、2015年には国際植物栄養協会

（IPNI）は、それまでまったく無視していたケイ酸を「有益な物質「beneficial substance」に格上げした（www.ipni.net/nutrifacts）。非常に喜ばしいことで、ケイ酸は、農作物の生育に必要な栄養成分として国際的に認められたのである。

表3A　ケイ酸のトマトの尻腐れ果発生への影響

培地の SiO$_2$ (mg/L)	葉	茎	地上部	根	果数	尻腐れ果	全果実重
	乾物重(g)				(個)		(g)
0	12.4	8.8	21.2	2.8	9	2	258.9
53	16.3	12.9	28.3	4	11	2	651.5
253	17.3	10.4	27.7	3.7	14	0	813.3

出典：青木、小川、1977

表3B　トマトの器官別養分含有率

培地の SiO$_2$ (mg/L)	部位	N (%)	P$_2$O$_5$ (%)	K$_2$O (%)	CaO (%)	CaO/N 比 (%)	粗 SIO$_2$ (%)
0		2.11	1	2.7	0.87	0.41	0.69
53	葉	-	-	-	1.14	-	-
253		1.78	1.52	2.33	1.29	0.78	1.09
0	茎	1.39	0.92	2	0.41	0.29	0.96
253		0.88	1.21	1.5	0.52	0.59	1.13
0	根	2.41	1.65	1.38	0.29	1.12	3.64
253		1.57	1.26	0.4	0.36	0.23	9.44

ケイ酸が存在すれば、カルシウムの吸収を促進し、チッ素、カリウムの吸収を抑制する。すなわち、ケイ酸は総合調整役の働きもする。

ケイ酸は総合調整役

　ケイ酸を多く含む肥料が野菜や花、果樹の生育にプラスに働く事例の一つを**表3A、B**に示す。トマトの尻腐れ果はカルシウム欠乏で生じる。ところがケイ酸存在下では、カルシウムの吸収が増え、チッ素、カリウムの吸収割合が低下して尻腐れ果の発生率も低下している。すなわち、ケイ酸は養分吸収量の総合調整役をしていたのである。通常の必須元素にはそのような作用はない。

　なお、野菜なら何でもケイ酸がプラス作用として働くのではない。注意すべきはイチゴである。イチゴはケイ酸を与えるとうどんこ病は明らかに減少するが、山崎浩道（2006）によると、ケイ酸0、0.83、1.67mMと3区で栽培試験を実施したところ、ケイ酸添加区は、新出葉数が有意に少なく、果数の減少、一果重の低下が見られ、収穫後期には着色不良果も多発している。しかし、カナダでのイチゴの塩害条件での実験（S.Ouellette. et al. 2017）では、ケイ酸1.7mM添加でイチゴの商品果収量は増加したそうだ。品種の違いなのか、結果の違いの原因は不明であるが、今後とも日本品種での詳細な観察が必要である。

　図1は、D. Coskun. et al.（2018）がケイ酸の各種障害防止作用を説明するため提案された仮説の一つである。ケイ酸施用は病害抵抗性も増加する。根の中心部にはカスパリー線[*1]で、余計な物質が根の中心部の導管に入るのを阻止する組織がある。ケイ酸が十分量供給されていると、カスパリー線に蓄積し、カスパリー線を丈夫にする（**図1下**）。病原菌がアポプラスト（細胞外）の細胞間隙から進入してもケイ酸で丈夫になったカスパリー線を越えることができない。

　　＊1　カスパリー線とは、脂質からなる、植物の内皮に存在する疎水性の組織。
　　　　　栄養分の輸送の際、細胞間にネットワークをつくり、細胞同士のすき間

を埋め、分子の中心柱への往来を防止する働きを持つ。

同様にケイ酸施用は高温障害に強くなることが知られている。気孔の周辺のアポプラスト（細胞外）にはケイ酸が蓄積し、それが間接的にシ

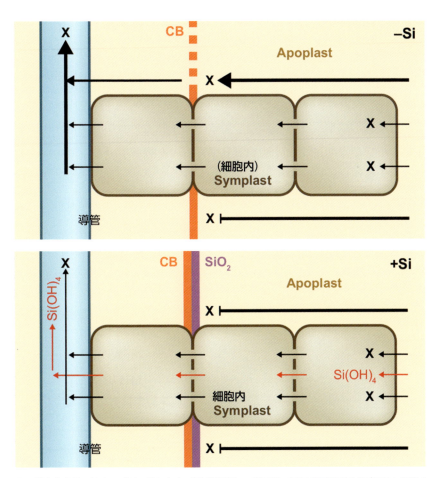

ケイ酸十分条件ではカスパリー線にもケイ酸が蓄積し、病原菌、有害元素等のアポプラスト経路よりの進入を抑制する。

出典：D. Coskun. et al. *New Phytologist*. 2018. 221：67-81
本総説の共著者馬建鋒先生より許可を得て借用

図1 アポプラスト障壁仮説（根の場合）

ンプラスト（細胞内）を通る水を勢いよく蒸散するようにし、葉温が低下するとも考えられる。金田吉弘ら（2010）の実験によると、蒸散流の多くなった葉は外気温が40℃を超す高温時では、8℃も葉温が低下するそうだ。

なお、根のケイ酸はシンプラスト（細胞内）を通り吸収転流する。トランスポーターは、寿命が短く代謝回転（トランスポーターができれば、しばらく働くが、通常は2～3日で壊れ、また新しく再生される）している。

図2によると、トランスポーターが根で多く発現しているのは田植え時期と幼穂形成期以降の乳熟期である。ケイ酸追肥もこの頃に施用すると稲の根は口を開けてケイ酸が流れてくるのを待っている。熱中症が心配される暑い時期に追肥としてケイ酸を散布するのは大変である。便利な肥料が市販されている。「ハイポン」（小西安農業資材株式会社）という

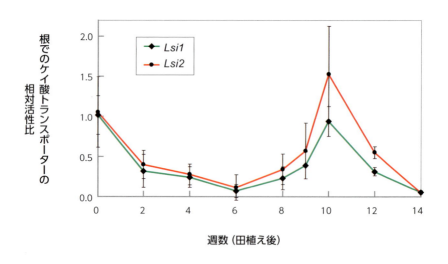

出典：Yamaji and Ma. *Plant Physiol.* 2007
本論文の共著者馬建鋒先生作図より借用

図2 水稲根でのケイ酸トランスポーター活性時期別相対比

肥料で、段ボール箱を破り肥料の塊を水口に「ハイ・ポン‼」と置くだけで水とともに一枚の水田全域にケイ酸、マグネシウムなどの成分を均一に流し込んでくれる省力資材である。

　なお、野菜、花き、果樹などに「ハニー・フレッシュ」を農薬とともに葉面施用すると、マグネシウムや硫黄、ホウ素など、その他微量要素が効率よく作物に吸収される。また、果菜類、果樹、花き類にもケイ酸の効果を期待し、「ハニー・フレッシュ」を葉面散布したい方が多い。その時、葉や果実の汚れがマイナス要因として気になる場合もある。その時は展着剤を使用されたら良い。農家の皆さんの経験によると、例えば展着剤としては「ササラ」（アグロカネショウ株式会社）などが、良いそうである。

ケイ酸のヒトへの効果

　ケイ酸のヒトへの健康効果は非常に大きい。ケイ酸がＩ型コラーゲンやオステオカルシン合成を促進することを示したデータはラットなどでも多数あるが、**図3**に M. Dong. et al.（2016）のヒトの骨芽細胞様培養細胞を用いた実験結果を示した。培養液に3段階のケイ酸濃度で実験しているが、低濃度の 10μmol の添加がＩ型コラーゲンとオステオカルシン（骨ホルモン）のタンパク質合成量を最も多く増加している。試験結果からケイ酸には適濃度があり、多ければ多いほど良いわけではない。しかし、女性の美肌維持や骨形成の時に骨格となる、Ｉ型コラーゲンを増加することは非常に大切な作用である。オステオカルシンについては 2017 年 2 月 15 日の NHK の「ためしてガッテン」で「骨ホルモン」としてわかりやすく紹介され、骨ホルモンを全身に活動させるためには断続的でもいいから 1 日 30 回以上のかかと落としをすることの大切さを

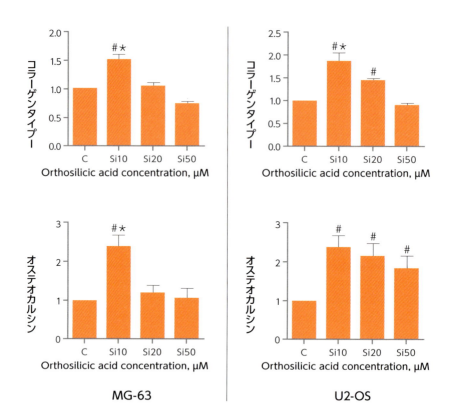

注：10μmolのケイ酸が培養液中に存在すれば、コラーゲンやオステオカルシン（骨ホルモン）の合成を活発化する。MG-63、U2-OSは細胞番号

出典：M. Dong. et al. *Biol Trace Elem Res*. 2016. 173：306-315

図3 ヒトの骨芽細胞様細胞でのケイ酸の役割

伝えていた。オステオカルシンは、脳では、神経細胞の結合を維持させて、記憶や認知機能を改善する。肝臓では肝細網の代謝を向上させて、肝機能を向上する。心臓では、動脈硬化を予防する。腸では、糖の栄養吸収を促進する。精巣では、男性ホルモンを増やし、生殖能力を向上させる。皮膚では、骨芽細胞が作るコラーゲンは皮膚細胞のコラーゲンと同じ種類なので、しわの数を減らすとのデータがある。腎臓では、骨が作る「FGF23」というホルモンが血液をきれいにしてくれる。したがって腎機能を向上させる。胃と肺での働きについては、まだわかっていないそうだ。

　また、2018年1月7日のNHKスペシャル「シリーズ 人体」第3集では、**骨が出す最高の若返り物質**として、コロンビア大学のカーセンティ博士の姿とともにオステオカルシンについての研究データの一部が紹介された。博士の原著論文の一つを筆者も読んだが、非常に充実した内容でレベルも高く、私はすべてを理解できたとはいえない。前述で太字にした魅力的な言葉などは、オステオカルシンの作用機序が十二分に理解されていないと使えない表現である。骨ホルモン、オステオカルシンは、骨芽細胞で作成され、精力、筋力、記憶力などをアップする。運動は非常に大切で、運動をしないとスクレオスチンというホルモンが大量に生産され、骨量増殖を抑制してしまうそうである。

生体によく吸収されるケイ酸を含む食品

　最後に、生体によく吸収されるケイ酸含有食品をデータで説明しよう。**図4**はフラミンガム研究に関与していた原著者が、フラミンガム研究に関連して行った臨床試験の結果である。例えばこの図で玄米に注目してほしい。200gの量を表す印が入っている。前日の夜、夕食は普通に食べても一定時間以降飲食はせず、翌日9時に食事試験会場に行き、炊飯した200gの玄米食のみを食べる。そして、食事後6時間内の尿は一定容器に入れ、それを分析したのが図の縦軸の値だ。食べた玄米は胃で消化され、そこに含まれていたケイ酸は腸から体内に吸収され、血液を循環して、腎臓にきて、尿より排出される。つまり、尿からでてきたケイ酸は体内を循環していたケイ酸、すなわち生物的に可給態のケイ酸なのだ。これら食品ごとに被験者は異なる。統計的処理のためには最低でも玄米だけを食べる被験者は3人必要だ。たくさんの被験者を必要とした大変な試験である。

　次にバナナに注目してほしい。尿からはあまり検出されていない。大便のほうへ移行したのだ。こうしてみると、お米を食べる日本人には非常にうれしい結果だ。論文の原著はこのように細かく解析をしていない。この図の縦軸と横軸の単位をそろえて見やすくし、プロットの近くに食品名を入れ、利用率を示す直線などを追加したのも私だ。パンのケイ酸の可溶化率は玄米に劣る。しかし、この実験の範囲内では、ケイ酸の供給源として、お米がベストということを示している。

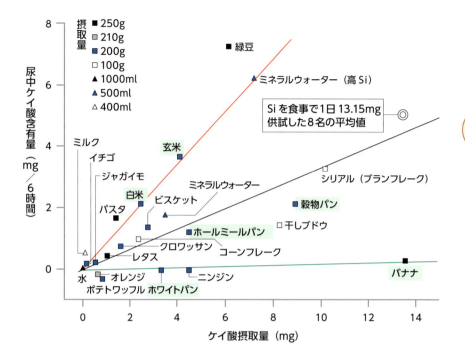

Jugdaohsingh. et al. 2002より渡辺作図

図4 ケイ酸（Si：本図のみSi単位）摂取量と尿中ケイ酸含有率

Prologue

マグネシウムの効果を読む前に

　マグネシウム（Mg）がこんなにも作物のみならず、人の健康にも大切とは、私自身も知らなかった。まず、Mg は ATP とともに、糖の転流に関与している。そのため、生育初期には根張りに、収穫期には果実など収穫物の肥大に関与する。しかも老化した葉のマグネシウムの再利用系が活性化することを馬健鋒先生らのグループは明らかにしている。

　人間の病気にも効果があることは、故・小林純教授が硬水の主成分であるマグネシウムが多い水を飲む地域は脳卒中死亡率が低いことで明らかにしている（1971年）。しかも兵庫県にあるタテホ化学では赤穂の塩田で働く人にがん発生率が低い事実から、がん研究では著名な当時岐阜大学におられた田中卓二先生に Mg 投与でラットのがん発生率が少なくなることを実験していただいている（1989年）。タテホ化学が製造したマグネシウムにクエン酸やリンゴ酸を加え飲みやすくした製剤を使い、大腸がん抑制効果が認められた試験データも、タテホ化学の泉浦哲矢様を通じて、田中先生に本誌に提供していただいている。NPK のみならずマグネシウムも非常に大切なミネラルであることを本誌は紹介している。

第1章
栄養素の新常識

5

作物の**マグネシウム**欠乏では根の生育が悪く、収穫物の品質も低下

ヒトに対しては**アディポネクチン（長寿ホルモン）**の生成に関与し、循環器疾患、大腸がん等の予防に効果

マグネシウムの植物での働き

　マグネシウム（Mg）は、高等植物界で、チッ素、カリウム、カルシウムに次いで4番目に多く含まれる元素である。植物における Mg の働きで、最も多く紹介されることは、光合成で果たす役割である。植物の総 Mg の5分の1は、光化学系Ⅰ（PSⅠ）および光化学系Ⅱ（PSⅡ）での光収穫に関与する重要な構成成分として葉緑体に結合している。ほとんどの教科書はそのことを強調している。しかし、農業生産者の視点から見ると、**Mg は ATP と共に糖の転流に関与しているため、根の伸長、すなわち作物の初期生長と、子実の充実、すなわち収穫物の品質向上（糖度、デンプン蓄積）に大きく影響**している事実を忘れてはならない。Mg 欠乏で根の生育が遅れる典型的な写真を**図1**に示す。

　初期生育が遅れる理由は、**図1**の下図のヨード・デンプン反応でみられるように、Mg 欠乏では光合成産物の根への転流が抑制され、根が十分に肥大しないからである。光合成産物はショ糖の形態で、師管伴細胞から師管内に転流されるのだが、師管内は糖ですでに一杯であり、師管伴細胞から師管に入るには、プロトン勾配を利用して師管に進入する。プロトン勾配は ATP によって作られる。**総細胞の Mg の最大50％は、**

ATPの補因子としてATPの加水分解に必須である（Maquire and Cowan. 2002）。Mg欠乏ではATPを分解できないため、プロトン勾配が不十分で、葉に炭水化物が蓄積する。このような条件下では、CO_2固定に利用されない光合成電子は分子状O_2に移動し、強い酸化力を持つ活性酸素種（ROS）を発生し、それによる細胞損傷を引き起こす。

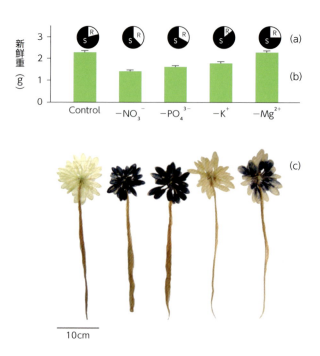

(a) 完全な栄養溶液を含む水耕栽培系において6週間栽培した植物体を、その後、同じ溶液中で12日間、または各種元素を欠く培地で生育させた。その結果を根（R）と葉身（S）間のバイオマス分配（円グラフ）（6つの値の平均）で示した。完全な栄養溶液からの塩置換は次のとおりである。N欠乏症、0.2mM $CaNO_3$、0.8mM $CaCl_2$；P欠乏症、0.25mM KCl；K欠乏症、0.88mM Na_2SO_4、0.25mM NaH_2PO_4；Mg欠乏症、1.00mM Na_2SO_4。(b) 新鮮重。(c) ヨウ素染色結果。暗期間後のデンプン（濃い青色）の分布の違いを可視化するために、植物全体のヨウ素染色を定性的アプローチとして行った。

出典：Hermans C. et al. *Trends in Plant Science.* 2006. 11：610-617
本図については、Copyright Clearance Centerの許可を受けて掲載

図1 シロイヌナズナにおけるN、P、K、Mg欠如の糖転流などへの影響

農業上の光障害

　肥料成分の多少によって、実際に作物が光障害を受ける場合があることを筆者が知ったのは、1978（昭和53）年5月である。当時、全国的に稲での田植機によるリン酸肥料の省力施肥法として、育苗箱への施肥が試みられた。過リン酸石灰や熔成リン肥で試験されたが、いずれも育苗箱にリン酸肥料を多量混合すると、暗所では**写真1**の左のような症状を示し、明所に出すと右のように葉先が白化する。もちろん、水溶性リンの多い過リン酸石灰のほうが障害が強く出る。当時、稲稚苗のリン過剰障害に関しては、富山農試がすでに報告をしていた（新村ら、1977）。リン酸施肥量がチッ素の2～3倍になると顕著に障害が出る。チッ素を増施するとこうした症状は発生しないか軽減する。しかし、光の影響については記述されていない。筆者にとっては、現場における最初の光による作物の生理障害で、強く印象に残っている。

　リン酸過剰による明所での白化現象に興味を持ち、その後、行った実験が**写真2**である。数字の濃度単位はモル（M）で、各溶液にトマトの葉を浮かべて、1日だけの明暗処理を行った。リンの高濃度液処理では、**写真1**の右端に示すように明所で障害を受けやすいが、尿素や硝酸カリウムでも光障害を受けることがあり、リン固有の現象ではない。ここで注目したいのは、Mg溶液に浸した葉は白化していないことである。Mgには活性酸素による光障害に対して保護作用がある。

　前記の水稲稚苗のリン過剰による障害発生にMg施用の効果があることは、渡部ら（1978）が当時すでに報告している。**表1**の上は、過石あるいは重焼リンで育苗箱当たりP_2O_5で各10g施用し、それに苦土（MgO）を1～5g施用したものだが、苦土の施用量が増加するにつれ、葉のリン含有率には差がないのに、障害発生率が低下している。

撮影：渡辺和彦、1978

明所は太陽下、暗所は寒冷紗被覆。明所で障害の激しいものは、葉の先端だけでなく、下位から白化する。なおリン酸はチッ素の3倍量以上加えている。

写真1 稲育苗培土リン酸過剰施用の再現実験

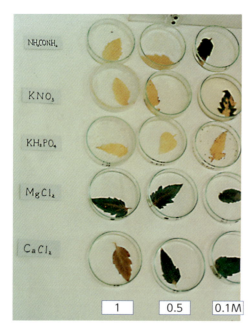

原図：渡辺和彦

写真2 白化はリン酸過剰で生じやすいがマグネシウムでは生じにくい

表1 苦土施用と葉身褐変症状の発生とリン酸含有率

MgO (g/箱)	第1葉褐変発生率(%)		褐変発生時期(日後)		P$_2$O$_5$含有率(%)	
	過石	重焼リン	過石	重焼リン	過石	重焼リン
0	90	63	21	24	2.35	1.95
1	70	35	21	28	2.46	1.83
2	30	20	25	28	2.68	1.84
5	0	3		30	2.53	1.86

MgO g/箱	第1葉褐変発生率(%)		褐変発生時期(日後)	
	10P	5P	10P	5P
0	40	5	15	17
1	28	5	15	18
2	23	0	20	
5	0	0		

5P、10Pとは過石でP$_2$O$_5$箱当たり、5g、10g施用
出典：渡部幸一郎ら.東北農業研究. 1978. 23：7-8

馬建鋒先生グループの新しい発見

　葉の老化は高度にプログラムされたプロセスであり、老化した葉から発育中の組織や器官への栄養素 Mg の再転流を通じて植物の生長を促進する。葉の老化におけるプロセスは、クロロフィルの分解である、まず、クロロフィル b は、クロロフィル b レダクターゼなどによってクロロフィル a に還元される。そして、クロロフィル a の中央の Mg は Mg デケラターゼ（SGR=Stay Green）によって除去され、フィトール側鎖は、フェオフィチナーゼによって切断される。関与する酵素は、**図2** の A に示すように多数存在するが、詳しくは省略する。Mg の除去に Mg デケラターゼが作用していることはわかっていたが、詳細な働きは不明であった。そこで、馬先生らは稲を用いて Mg 欠除栽培を行い、Mg デケ

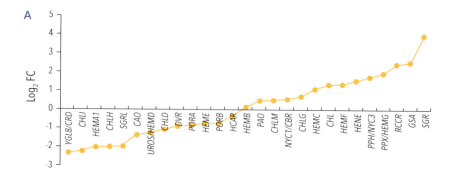

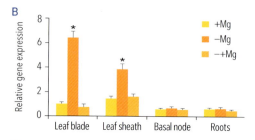

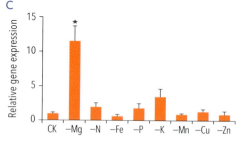

グラフA：稲の葉身の葉緑素生合成および分解に関与する遺伝子のトランスクリプトーム（特定の状況下の細胞中に存在するすべてのmRNAの総体）解析。＋Mg処理植物と比較した－Mg処理植物のキロベースミリオン値当たりのフラグメント（断片）のフォールド変化（FC）を示す。
グラフB：OsSGRの組織特異的発現。稲の実生は、0または250mMのMgを含む培養液で7日間栽培。その後、Mg欠実生は別の日に250mMのMgを再供給した。発現は＋Mg葉身の発現と比較。
グラフC：OSGR発現のMg特異的応答。CKは通常の培養液、Mg以下は7日間各元素欠除でCKとの比較。

出典：図2〜6：Peng YY. et al. *Plant Physiol*. 2019. 181：262-275
共同著者である馬建鋒先生の許可を受け、引用

図2 Mg欠乏に対応する遺伝子発現パターン

ラターゼが Mg 欠乏に特異的に関与することを図2のCに示すように明らかにした。また、本酵素活性をノックアウトした稲では、活性酸素障害が図3右端のように著しく生じることを示し、図6のように、本酵素は Mg 欠除の過程で生じる葉の活性酸素障害を少しでも低減化するように作用していることを明らかにしている。すなわち、Mg を再利用する際、少しでも活性酸素障害が起きないよう、植物は巧妙な仕組みで保護されていた事実を明らかにしている。

リン過剰による Mg 欠乏と、ただ単なる Mg 欠乏とは異なり、リン酸過剰ではデケラターゼの働き方に何らかの阻害を受け、活性酸素障害を回避する機構に不都合が生じたのではないかとも想像できるが、筆者は何ら根拠を持ち合わせてはいない。しかし、自然の仕組みは精巧で、単なる Mg 欠乏では、図4に示すように、Mg 脱離酵素、デケラターゼが活性酸素障害を生じにくくしている機構が明らかになっていることは、筆者にとってはうれしい限りである。

Mg 投与で、糖尿病症状逓減、しかも大腸がん増殖抑制の実験例

Mg が人間の各種病害抑制に効果があることは古くから知られている。その最初のきっかけは、土壌肥料研究者である故・小林純教授（現：岡山大学資源植物科学研究所）の発見である。小林教授は日本各地の河川の水質と疾病の関係を調べ、水が酸性の地域（東北、北陸、南九州）は、アルカリ性の地域（関西地方）に比べ脳卒中死亡率が高いことを報告した（小林、1971）。

水のアルカリ度は水中に含まれるカルシウムと Mg の量にほぼ比例する。アルカリ度の高い水は硬水である。世界的に著明なシュレイダー博

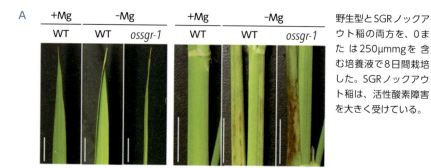

野生型とSGRノックアウト稲の両方を、0または250μmmgを含む培養液で8日間栽培した。SGRノックアウト稲は、活性酸素障害を大きく受けている。

図3 野生型（正常）とSGRノックアウト稲の活性酸素種（ROS）障害程度の差異

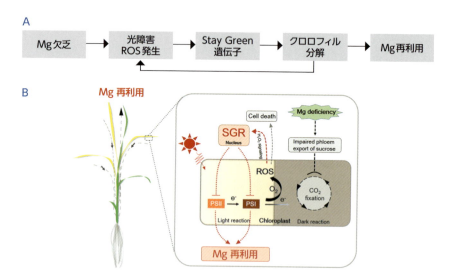

Mg欠乏は、Mg欠乏の初期段階で、ショ糖の師部輸送が抑制される。これにより、葉に炭水化物が大量に蓄積され、光合成のCO_2固定が阻害される。その結果、O_2へのより多くの光合成電子移動が発生し、ROS（活性酸素種）の生成が増加する。ROSレベル、特にH_2O_2は葉緑体から核へのシグナル伝達を介してSGR発現を積極的に調節し、それにより葉緑素の分解を加速し、可動化のためにMgを放出する。したがって、クロロフィルの分解は、Mgの可動化を促進するだけでなく、光合成電子の生成を遅らせ、さらなる光損傷から葉を保護している。

図4 Mg欠乏誘発クロロフィル分解とMg再転流の提案モデル
（A：簡易モデル　B：詳細モデル）

士が来日した時、その英文論文内容について説明したところ、博士は興味を示し、米国50州の飲料水の硬度と循環器疾患年齢調整死亡率との負の関係を明らかにした。その後、硬水の主成分であるMgが循環器疾患に関連があることが明らかになった（渡辺、2011）。今では**Mg摂取不足はインシュリン抵抗性、高血圧、脂質異常症、糖尿病、メタボリックシンドローム、心血管疾患などと関連が深い**ことが明らかとなっている（Bo and Pisu. 2008）。なかでも、長寿の双子姉妹「きんさん」「ぎんさん」の血液中に多く存在していたアディポネクチン（長寿ホルモン）は、2型糖尿病との関連が深いことが知られているが、某健康番組において日頃の食べ物の影響も非常に大きいことが**表2**に示すように明らかになっている（Loh. et al. 2013）。炭水化物の摂取量や、血糖値を上げやすいグリセミック指数（GI値）やGI値に炭水化物量をかけたグリセミック負荷量が多いと、血液中のアディポネクチン濃度が低くなるのである。

　この表で注目すべきは、**Mg摂取量が多くなると、有意に5%の確率でアディポネクチン濃度が高くなる**ことである。Mg摂取不足は、2型糖尿病の症状を重くすることがここでも明らかになっている。Mgのがん抑制効果は世界的にもほとんど研究されていなかったが、国立がんセンターによる8年間の追跡調査の結果、Mg摂取量の多い男性は大腸がんの発生率が低いと報告している。

　金沢医科大学でがん研究を長年された後、現在は岐阜市民病院におられる田中卓二先生たちが、2013年にすばらしい研究成果を発表された（Kuno. et al. 2013）。田中先生がMgとがんとの関連研究をされたきっかけは、兵庫県赤穂市にあるタテホ化学工業株式会社との共同研究である。同社は赤穂の塩田で働く人にがん発生率が極めて低いことを、1943年から1959年のデータをもとに発見し、Mgに関する特許を取得、当時岐阜大学医学部におられた田中先生に研究を依頼したのが端緒となって

表2 2型糖尿病患者（マレーシア：305名）の各種項目と血漿中アディポネクチン濃度の関係

網目	r[*1]	p値
エネルギー摂取量	− 0.16	0.004[*2]
炭水化物摂取量	− 0.20	< 0.001[*3]
タンパク質摂取量	− 0.37	0.52
脂質摂取量	0.14	0.016[*2]
食物繊維摂取量	0.23	< 0.001[*3]
マグネシウム摂取量	0.13	0.02[*2]
グリセミック指数	− 0.35	< 0.001[*3]
グリセミック負荷	− 0.36	< 0.001[*3]
空腹時血糖値 (mmol/L)	− 0.07	0.182
HbA1c	− 0.24	< 0.001[*3]
総コレステロール (mmol/L)	0.03	0.581
中性脂肪 (mmol/L)	− 0.38	< 0.001[*3]
HDC コレステロール	0.39	< 0.001[*3]
LDL コレステロール	0.04	0.526

*1：rの−は負の相関、他は正の相関。 *2：p＜0.05　*3：p＜0.001

出典：Loh. et al. *Asia Biol. Szegedinsis*. 2013. 47：127-130

いる。第1報はTanaka. et al.（1989）で、Mgに関する田中先生の論文がすでに5報ある。Mgのがん抑制に関する論文にはこれらの成果が引用されており、同社と田中先生の研究はMgのがん増殖抑制研究では世界の先駆けといっても過言ではない。

田中先生たちの実験方法を図5に示す。4週齢のラットをG1～G6のグループに分け、G1～G4には矢印に示すように発がん物質（アゾキシメタン）を投与し、1週間後にデキストラン硫酸ナトリウム（DSS）という大腸に炎症を起こす物質を投与する。これで一気にがんが発生する

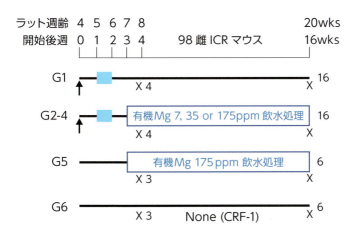

図5 ラット大腸がん実験プロトコール

そうだ。その1週間後から有機Mgを12週間投与している。発がん物質とDSSだけを投与したG1、発がん物質とDSSに有機Mgを投与したG2〜G4、有機Mgだけを投与したG5、何も投与しないのがG6である。

解剖した大腸内壁に「こぶ」のようにがんが発生している様子が図6である。目視によっても明らかに処理間差が生じている。有機Mgを投与したマウスは、腫瘍の数が明らかに少ない。

なお、実験に用いた有機Mgは水溶性で、飲料水に溶かしている。酸

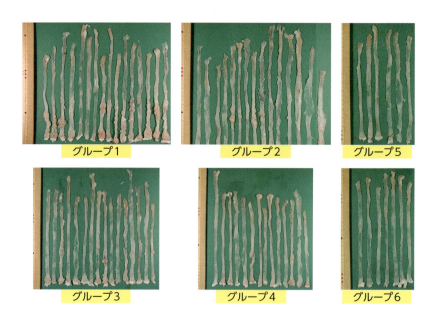

グループ1 (AOM+DSS群)、グループ2 (AOM+DSS+7ppm 有機Mg群)、グループ3 (AOM+DSS+35ppm 有機Mg群)、グループ4 (AOM+DSS+175ppm 有機Mg群)、グループ5 (175ppm 有機Mg群)、グループ6 (無処理)

出典：図6　Kuno. et al. *Carcinogenesis*, 2013. 34: 361-369

図6　各処理グループでの大腸の様子

化 Mg（0.22g）、クエン酸（0.55g）、リンゴ酸（0.55g）、グリシン（0.22g）の混合物よりタテホ化学工業が製造したもので、有機 Mg1.54g は 132mg の Mg を含む。以前の水酸化 Mg を餌に混ぜた実験でも大腸がん抑制効果は認められたが、その時よりも今回ははるかに明瞭なドーズレスポンス（用量反応結果）が観察された。有機 Mg はラットも摂取しやすかったようだ。

　Mg がアディポネクチンを増やし、アディポネクチンががん増殖を制御するとの事実さえわかっていれば、キーワードをアルファベット入力することにより、多くの論文にたどり着くことができる。例えば、Kim. et al.（2010）は、詳しい大腸がん抑制メカニズムを実験し、図7 のように示している。ここで重要なことは、Mg や運動はアディポネクチンを増殖させ、AMP キナーゼを活性化するということである。そうすると、図7 に示す脂肪酸合成転写因子の活動を止め、ACC の活性を弱めるように働く。すると、脂肪酸がミトコンドリアに流入するのを減らし、脂肪酸の β 酸化が抑制され（アディポネクチンが働かない通常時は増加する）肥満防止にもなるが、多くのエネルギーを必要とするがん細胞へのエネルギー供給が抑制される。したがってがん細胞の増殖も抑制されるのである。Mg 不足では糖尿病になりやすいが、糖尿病ではがん細胞の増殖に必要なエネルギーを多量供給していたのだ。糖尿病とがんとの関連性がここにあったのである。

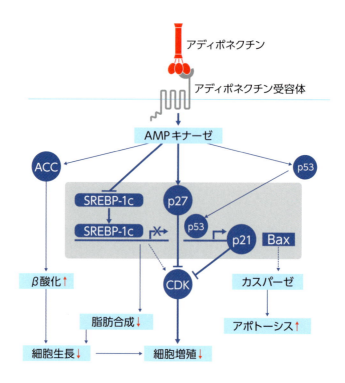

出典：Kim. et al. *Mol.Endocrinol.* 2010. 24：1441-1452

p53遺伝子はがん抑制遺伝子。**p53**遺伝子が変異しているとがんを発症しやすい。**p21**、**p27**遺伝子**CDK**の作用を阻害。CDKは細胞周期の進行を制御している。カスパーゼは細胞にアポトーシス（細胞死）を起こさせるシグナル伝達経路を構成する一群のタンパク質分解酵素。**ACC**は脂肪酸合成初期酵素。**SREBP-1c**は脂肪合成転写因子。β酸化は脂肪酸代謝の重要な一つの段階。
図内の太線は強く、細線は弱く作用する。⊥は停止記号。語句の右の↑は増加、↓は低下を示す。例えば、AMPキナーゼは、Acc（アシルCoAカルボキシラーゼ）酵素活性を抑制することにより、より多くの脂肪酸がミトコンドリアに流入し、脂肪酸のβ酸化が亢進する。このことは、肥満防止に関しても、がん細胞生長抑制にエネルギー供給源の低下としても、重要な意味がある。

図7 アディポネクチンによる大腸がん抑制メカニズム

Prologue

鉄の重要ポイントを読む前に

　本項では、鉄に関する重要なポイントを三つ書いています。一つは、有機農業では著名な小祝さんが、国連の飢餓と貧困をなくすカンファレンスで、アフリカのザンビア国から推薦を受けられ講演された内容がすばらしく、グランプリ・アワードを受賞された件。水田転作の畑なら、どなたでも実行できる。日本の稲作が連作障害ナシで、毎年おいしいお米がとれるのを畑作に応用した技術だ。

　二つめは、東京大学の森敏教授、中西直子教授グループが、長年の悲願であった、ムギネ酸の吸収トランスポーターの同定に成功したニュース。日本の農業従事者として、誰もが知っておかねばならない重要な成果を簡単に紹介する。ムギネ酸との言葉からわかるのだが、ムギネ酸は昔（1976年）岩手大学の高城成一先生が発見されたもので、それを生化学的に東京大学の森、西澤両教授が現代研究的に深化（進化）研究なさっているものだ。両先生方の高城先生への尊敬の念、礼儀は、NPO法人WINEP、2009年発行の『ムギネ酸を発掘する』、同、2014年発行の『ムギネ酸研究の軌跡』に詳しく書かれている。

　三つめは、稲以外の作物は常に鉄欠乏状態であり、それを打破する元京都大学工学部の野中鉄也先生の鉄ミネラル野菜作りの方法があるのだが、私からみればあと一歩。不足していたのは、作成した葉面散布用の溶液中の鉄濃度の測定である。鉄の測定さえすれば多くの農家に実用技術として、普及すると思う。

　少し読みにくいですが、以上三点を詳しく説明しています。要点は三つのことと、まず頭の中を整理してお読みください。

第1章
栄養素の新常識

6 鉄は還元状態では二価鉄になり、鉄毒性を示す

鉄毒性は土壌中の病原菌だけでなく、雑草種子も殺すタンニン鉄の葉面散布で驚異的な効果

国連で日本人がグランプリを受賞

　2019年9月25日、アメリカ・ニューヨークの国連総会の関連行事として行われた飢餓と貧困をなくすためのカンフアレンス。BLOF理論（堆肥を施用し、透明なビニルで被覆し、湛水条件で太陽熱養生処理をする農法：**写真1**）において、アフリカのザンビアで収量だけでなく、収穫物の品質も向上させた実証データを紹介した小祝政明氏は、13の発表のなかで第一席、グランプリ・アワードに選ばれた（**写真2**）。日本の農業技術が世界で認められた一つの事実として、土壌肥料仲間として私たちも誇らしく思う。

　BLOF理論は有機農業だけでなく、慣行農法でも多くの利益を与えてくれる。一般の野菜栽培の難点は、土壌病害虫による連作障害と雑草対策である。皆さんもご存じのように、水稲には連作障害はない。それには湛水下で生成する二価鉄が大きな働きをしていることが明らかになっている。小祝氏も、土壌分析の結果を見た上で、鉄やマンガンの施用をよく指導されている。

　次に紹介する門間法明氏の発見（2011）は、大量の低濃度エタノールを利用した新しい土壌消毒法（**表1**）である。日本アルコール産業株式

第1章 6 鉄の重要ポイント

出典：株式会社ジャパンバイオファーム、小祝政明提供
土壌温度が上がりやすい透明なビニルを使用。

写真1 BLOF理論の湛水後の透明ビニル被覆の状況（日本国内事例）

出典：日本有機農業普及協会のニュースレターより
小祝さん、おめでとうございます！さすがです。

写真2 国連において発表後、授与された記念トロフィーを持つ小祝氏

81

| 表1 | 土壌還元消毒法の種類 |

有機物添加 / 湛水・被覆

有機物	施用量 (乾物重 orL/m²)	処理期間	文献
小麦フスマ 米糠、糖蜜	0.9-1.8kg (小麦フスマ)	2-3 週間	新村(2000)
エタノール (0.25 〜 0.5%)	50-100L/m²	2-3 週間	Kubota. et al.(2007) Uemura. et al.(2007)
アブラナ科植物・ 緑肥など	0.5kg (ブロッコリー)	15 週間	Blok. et al.(2000)

出典:「土壌還元消毒　メカニズムと実践実例」門間法明氏ウェブサイトより。以後、表2、写真3も同じ
エタノールの施用量は多いが、それが意味を持つ。低濃度では殺菌力はないが土壌微生物の餌となり、土壌還元化を促進させる。

会社、農業環境技術研究所、千葉県など6県の共同研究に参画され、鉄、マンガンの重要性に日本で初めて注目し、**表2**に示すように確認試験を行って明らかにした。土壌中で生成した二価鉄と二価マンガンが、有害土壌微生物の殺菌、雑草種子の死滅に役立っていることを示されたのである。低濃度エタノールには殺菌作用はない。地下深くまで微生物の餌となり、土壌を還元状態にして（**写真3**）、鉄、マンガンをそれぞれ二価にすることで、深層部に生息している有害土壌微生物をも死滅させるのである。従来、日本の太陽熱養生処理では蓄積温度を中心に効果を検討されていたが、二価鉄、二価マンガンについては、日本では門間氏が最初である。門間氏の論文によると、海外では、Foy. et al. (1978)、Fakih. et al. (2008) も、鉄やマンガンの重要性を指摘していた。もちろん、土壌中の二価鉄が熱帯の稲に対しても毒性を示すことがあることは、30年も前に北海道大学の故・田中明教授が「鉄毒性」との言葉で私たちに

表2 金属イオンがトマト萎凋病菌の生存に及ぼす影響

処理区	% (w/w)	病原菌密度 [log CFU/ml (± SE)]		
		1日目	4日目	7日目
蒸留水	—	—	—	4.8 (0.0)
$MgSO_4$ [SO_4^{2-}]	1.0	—	—	4.8 (0.0)
$FeSO_4$ [Fe^{2+}]	0.1	1.9 (0.1)	0	0
	0.01	3.5 (0.0)	0	0
	0.001	4.2 (0.0)	2.1 (0.1)	0
$Fe_2(SO_4)_3$ [Fe^{3+}]	0.1	3.6 (0.0)	1.6 (0.0)	0
	0.01	4.0 (0.0)	3.8 (0.0)	3.8 (0.0)
	0.001	4.2 (0.0)	4.3 (0.0)	4.3 (0.0)
$MnSO_4$ [Mn^{2+}]	0.1	2.5 (0.0)	0	0
	0.01	2.6 (0.0)	0	0
	0.001	3.5 (0.0)	2.6 (0.0)	1.9 (0.1)

出典：農環研、研究コーディネータ、與語靖洋取りまとめ、2012（平成24）年8月技術資料より
還元消毒は二価鉄、二価マンガンの力が大きい。

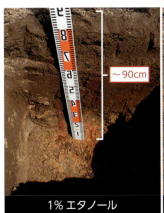
1％エタノール

フスマ還元

土の色に注目してほしい。多量のエタノールは微生物の餌となり、下層土も還元化しており、地下深くにも生息している土壌病原菌を死滅させる。なお、エタノールにこだわらなくてもよく、易分解性の有機物を含む液体であれば食品工場の廃液でも良い。

出典：門間法明原図

写真3 多量のエタノールは土壌の深層部まで効果がある

説明して下さっていた。土壌肥料分野では周知の事実であったのだが…。

ザンビアでの小祝氏の成果はBLOF理論だけではない。ザンビアでは、なぜ作物がうまく育たないのか、各種土壌分析をした結果、リン酸が非常に効きにくい土壌であることを明らかにした。そこでリン酸肥料を発酵鶏ふんで包み、発酵鶏ふんの微生物が作る酸でリン酸肥料を作物が吸収しやすいようにし、成功している。まさに小祝氏がいわれる理科の知識であり、国連での講演では、理科の知識の普及が大切であると言及されたそうだ。

ムギネ酸の吸収トランスポーターの同定成功

高等植物の鉄吸収機構は**図1**に示すように、Strategy-IとStrategy-IIから成る。後者のムギネ酸類は、1976年、岩手大学名誉教授の故・高城成一氏により鉄欠乏オオムギ（品種名「ミノリムギ」）の根から分泌される鉄溶解物質として発見されたムギネ酸（MA）とその類縁体の総称である。この発見が契機となり、高等植物の鉄獲得機構として、双子葉植物を含む多くの植物が持つStrategy-Iと、イネ科植物のみが持つStrategy-IIが提唱された。**図1**は、その後の東大グループの研究結果を踏まえて記した植物の鉄獲得戦略モデルである。

東大グループは、ムギネ酸類生合成酵素遺伝子の単離をはじめとして、「鉄・ムギネ酸類」吸収トランスポーターの同定、鉄欠乏によって制御される遺伝子の発現機構など、イネ科植物の鉄獲得に関わる分子を次々と明らかにした。しかし、ムギネ酸を根圏へと分泌するトランスポーターの同定は長年なされておらず、残された最大の課題として国内外の多くの研究者がこのトランスポーターの発見にしのぎを削っていた。2011年、東大グループが世界で最初に明らかにし、それをTransporter

Of MAs1（TOM1）と名づけた。ムギネ酸類の発見から35年、ご苦労は大変だったと思う。おめでとうと心から申し上げたい。

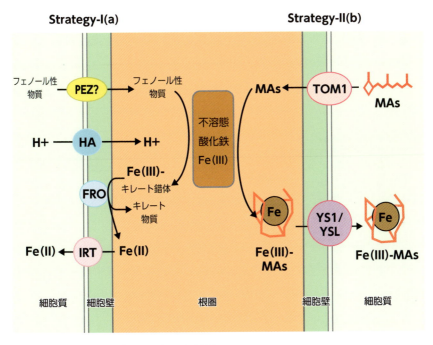

出典：野副朋子ら、『化学と生物』Vol.52.No.1. 2014

図1　高等植物の鉄獲得戦略
イネ科以外の植物が持つStrategy-I (a) と、イネ科植物のみが持つStrategy-II (b) に大別される。楕円はこれらの鉄獲得戦略で中心的な役割を果たすトランスポーターや酵素である。MAs：ムギネ酸類、PEZ：フェノール性酸分泌トランスポーター、HA：二価鉄トランスポーター、TOM1：ムギネ酸類分泌トランスポーター、YS1/YSL：「三価鉄―ムギネ酸類」錯体吸収トランスポーター。

鉄ミネラル野菜の生産

　私が表記のことを知ったのは、ある方からいただいた質問電話からである。新しい鉄ミネラル野菜農法について、私の見解を聞きたいとのことであった。

　鉄ミネラル野菜の概要は、ネットで調べるとある程度わかった。その発明者は、厚生労働省の委託を受けて無料セミナーを開催されていた、元京都大学大学院工学研究科助教の野中鉄也先生である。さっそく手元にあったやや高級なお茶（玉露）に鉄釘5本を入れ、二価鉄の生成実験をした（**写真4**）。私は鉄毒性（**表3**）のことを気にしているので、自分の開発した「迅速養分テスト法」（0.2% オルソ・フェナントロリン液を試験液2mLに対して2滴添加で標準色調と比較する）で濃度を確認したら、およそ10ppmであった。葉面散布には過剰害の心配のない適濃度である（**表4**）。

　ちょうど東京大学で開催される第2回バイオスティミュラント協議会での講演内容の準備中でもあり、まさに同講演会の目的にぴったりの話題で、野中先生の新発見の内容の一部を紹介させていただく許可を得た。ところが特許申請中のため、私の発表のための資料の提供は一切できないとのことであった。そこで、ネット上で野中先生に関連する写真や鉄ミネラル野菜についての無料講習会の案内を調べ、それを野中先生の特許技術の概要として紹介した（本項の**写真4**、**表3**、**表4**など）。その講演に来られていた農山漁村文化協会の『現代農業』の担当者はさっそく野中先生に連絡を取り、その後、農家の鉄ミネラル野菜の生産事例と野中先生の内容説明記事を載せている。

　さらに2020年の1月号では約80ページにわたり、この目新しい特

左のカップ：鉄釘を入れたお茶。この液体を野菜に葉面散布するそうだ。

写真4 鉄ミネラル野菜の特許技術、野中先生の発見

ポイントは二価鉄濃度の測定である。筆者の開発した、迅速養分テスト法を利用すると簡単である。液体の黒色だけでは鉄濃度はわからない。なお、テスト液の作成法は『生理障害の診断法』、『野菜の要素欠乏・過剰症』（拙著、農山漁村文化協会より発行）に記述している。前者のほうが詳しく類似薬品についても説明している。古本で入手可能。

表3 鉄の葉面散布試薬の違いと葉中の鉄含有率など

散布試薬	障害発生度	葉中のFe含有率(ppm)
硫酸第一鉄	17.9	121
硫酸第二鉄	4.4	114
キレート鉄	27.0	169
クエン酸鉄	4.6	193
脱イオン水（対照）	0.0	33

出典：糸川修司ら、2005　渡辺和彦『作物の栄養生理最前線』46ページ、農山漁村文化協会、2006
散布試薬の鉄濃度は15ppm。1週間おき9回散布。

$$障害の発生程度 = \frac{\Sigma（指数 \times 指数別株数）}{3 \times 調査株数} \times 100$$

第1章　6　鉄の重要ポイント

許技術を導入したいくつかの農家成功事例を中心に、野中先生からの理論背景の説明も入れて記事にされている。それによると、原液を何度も葉面散布しても過剰害はでないそうである。不思議である。濃度が薄いのだろうか? 表3を知っている私には理解がしがたい。

　なお、私が野中先生のご研究を知るきっかけになった前述の方であるが、現在は「鉄ミネラル野菜生産」を止めたそうだ。その理由として、①実際の畑で効果が認められない例が多発したこと(鉄濃度が不十分であった?)、②鉄ミネラル液の製造マニュアルが明確になっていないこと(だから農家の失敗も多い)、③「食べておいしい」が先走り、食した人により評価が大きく異なることなどが挙げられるそうだ。①は、液体が黒くなっただけでは十分量の鉄ができていないのではないか。二価鉄の濃度チェックのマニュアルが入手できていないのでわからないが、簡単にどなたでもできるはずである。

　ところで私が驚いたのは、野中先生は、タンニンと鉄を多く含む葉面散布液を人が飲むことも勧められていることである。ヒトの体内ではタンニンが鉄と結合し、鉄の生物学的有効性を阻害することは日本では古くから知られている。また、最近海外でも、タンニンが鉄の生物学的有効性を低下させる実験例を集めた総説が出ている(Delimont. et al. 2014)。タンニンは、鉄と結合し不溶化するので、人を貧血状態にする。人間がタンニンを大量に飲むのは危険なのである。

　なお、鉄はもちろん人間には必須元素であり、それに関する最近の総説(Abbaspour. et al. 2014)もあるので、その内容も以下、簡単に紹介しておこう。

　①鉄は酸素輸送やデオキシリボ核酸(DNA)合成、電子輸送を含む多種多様な代謝プロセスに関与しているため、ほとんどの生物にとって必要不可欠な元素である。②しかし、鉄はフリーラジカルを形成し得るた

表4	過剰障害の出にくい葉面散布の濃度限界例

物質名	俗称	化学式	物質濃度	同左元素	
			%	(ppm)	(mM)
硫酸鉄(Ⅱ)・七水和物	硫酸第一鉄	$FeSO_4 \cdot 7H_2O$	0.005	10	0.18
硫酸亜鉛・七水和物		$ZnSO_4 \cdot 7H_2O$	0.02	45	0.7
硫酸マンガン・五水和物		$MnSO_4 \cdot 5H_2O$	0.2	456	8.3

出典：表3と同じ

昔の文献では、ボルドー液を参考に、濃度障害防止と効果の持続性を考慮して石灰を加用した場合が多く、本表より高濃度である。特に果樹類での使用濃度は高い。作物により許容濃度は異なり、ここでは野菜、花き類を対象とした論文より取りまとめた。

め（過剰量は組織損傷につながる）、体内組織中の濃度は厳しく制御される必要がある。③体内の鉄のほぼ3分の2は循環赤血球内に存在するヘモグロビンで存在し、25%は移動可能な鉄貯蓄として、残りの15%は筋組織内のミオグロビンとの結合や、酸化的代謝やその他多くの細胞機能に関与する様々な酵素内に存在する。④鉄は循環しているトランスフェリンにより組織へと運ばれる。この輸送体は主に、腸管細胞や細網内皮系マクロファージから血漿中へ放出された鉄を捕獲する。過剰な鉄は貯蔵され、細胞質フェリチン内で解毒される。⑤生体内の鉄は、大きく分けてヘム鉄と非ヘム鉄の2種類がある。鉄が過剰に吸収された場合にフェリチンが形成され、過剰鉄によって直接組織が障害されないように鉄の毒性を解消する機能を持つ。⑥鉄は他の元素と異なり、排出機能はない。したがって、鉄の恒常性維持は、図2に示す吸収過程で制御さ

れている。

　鉄吸収は、二価の金属イオントランスポーター1（DMT1）により腸管上皮細胞で行われる。これは主に十二指腸と空腸で起こる。その後、十二指腸粘膜を通り血中へと移動する。ここでは、トランスフェリンにより細胞または赤血球生成のため骨髄へと輸送される。フィードバック機能があり、鉄欠乏のヒトにおいては鉄吸収を亢進させる。対照的に、鉄が過剰なヒトにおいてはヘプシジン（肝臓で産生されるペプチドホルモン）を通して鉄吸収を弱める。現在、一般的に粘膜細胞から血漿への鉄吸収はフェロポーチン（膜貫通タンパク質）により調節されていることが知られている。食事中のヘムも頂端膜を通り輸送され（まだヘム鉄の吸収機構、機序はわかっていない。このことも非常に大切なことである）、その後、腸管上皮細胞においてヘムオキシゲナーゼ（ヘム酸素添加酵素、HO-1）により遊離体（Fe^{2+}）へと代謝される。

　野中先生の茶カスやコーヒーカスによる還元力を用いた葉面散布液作りは、『現代農業』2020年1月号に示すように十二分に魅力的である。それは自分で簡単に液肥が作れるし、私には鉄測定用の試薬も手元にあるからである。畑の作物は大部分が鉄不足のため、鉄補給は必ず効果を得られるはずである。私も自分の畑で二価鉄10ppmの溶液を作り、レタスやキャベツで実験することにした。効果が本書に間に合わないのが残念である。

　ちなみに私の再現実験は、『現代農業』1月号33ページの緑茶パックの方法である。1日後に溶液は黒くなった。喜んで二価鉄を測定したが、極薄くピンク色になっただけで、10ppmにはほど遠い。黒くなってはいるが、二価鉄は少量である。**写真4**は玉露であった。ティーバッグのお茶は、普通のお茶で還元力は小さかった。二価鉄濃度の測定が必須であった。

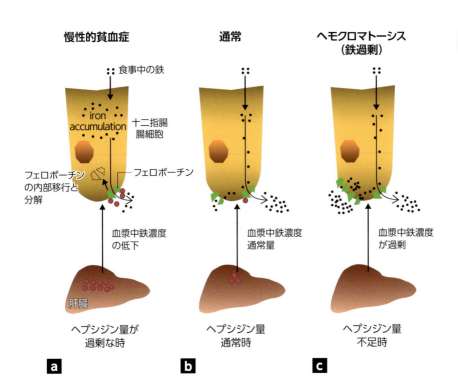

図2 ヘプシジンによる鉄恒常性の調節

出典：Abbaspour. et al. *J. Res. Med. Sci.* 2014. 19 (2) :164-174

鉄の排出メカニズムがないため、鉄恒常性は吸収過程で調節される。ヘプシジンは肝臓で分泌される循環ペプチドホルモンで、鉄恒常性調節の中心的役割を担うネガティブレギュレーター。サイトカイン（細胞から分泌される低分子のタンパク質で生理活性物質の総称）や鉄濃度、貧血、低酸素症などが刺激となる。

1章7の
はじまりです！

Prologue

「地球温暖化」を読む前に

　本項をこの書籍に載せるか、載せないか、実はずいぶんと迷った経緯がある。

　「こんなことを書くと、本の内容が信用されなくなる」。私がある担当者に「連載が終わったら、単行本化してください」との願いを却下された理由でもあった。私も迷ったが、現に地球温暖化の二酸化炭素原因説を否定した本は、東京の大手書店では山積みになって置かれ、誰もが購入できる。私も、7冊ほど購入している。例えば、宝島社では2020年1月に『地球温暖化「CO_2犯人説」は世紀の大ウソ』、株式会社日本評論社では2019年6月に『地球温暖化の不都合な真実』、株式会社文藝春秋は2007年12月に『暴走する「地球温暖化」論』、私の手元にはあと4冊も類似書がある。

　IPCC（気候変動に関する政府間パネル）の発表に、人工的に作られた虚偽のデータが始めにあることだ。産業革命以降、急に地球温暖化が始まったことになっている。気象データをコンピュータ処理して出したことになっているが、これがそもそも、虚偽の始まりである。詳しくは成書を読んでください。

　四国の徳島県の田舎で有機農業をされておられる有近幸恵さんは、農業上あまりにも重要なことですから、ぜひ会員の方にも詳しくお話くださいと言ってくれ、背中を押してくださる。実際その理論を推し進めると、水田はメタンガスを出し、温室効果を強めるから、水稲はやめて陸稲栽培にせよとか、炭を水田に入れ、炭素源の貯留場所にすべきとの話も出ているそうだ。炭を水田に入れると、土壌がアルカリ性になり、これまた面倒なことになる。アルカリ性では微量元素の大半が不溶化し微量要素欠乏で作物は十分な生育ができなくなる。

第1章
栄養素の新常識

7

CO_2 が、地球温暖化の主要因子説はウソ

近年の異常気象は、
太陽磁場の低下が主要因
適切な濃度の CO_2 は、
作物の収量を増やす

科学者の9割は「地球温暖化」CO_2犯人説はウソだと知っている

　この上の見出しは、東京工業大学地球生命研究所の丸山茂徳先生の書籍の表題である（宝島社新書、2008）。先生は紫綬褒章も受章されている立派な科学者である。

　IPCC（気候変動に関する政府間パネル）は、地球温暖化の主要因は CO_2 （二酸化炭素。以後、化学式で示す）の増加である、と主張している。それが間違いであることを丸山先生は古くから、多くの書物を通じて私たちに教えてくださっている。

　表1に地球大気の主成分を示した。CO_2 の占める割合は体積比で0.04%である。大気は、酸素とチッ素が体積比で99%を占めているが、それら以外の気体、アルゴンや水蒸気、オゾン、CO_2 などが、地球上に入ってきた太陽エネルギーを外に逃がさないようにする働きを持つ「温室効果ガス」である。温室効果ガスのおかげで地球上は生物が生存できる快適な温度が保たれている。

　CO_2 が赤外線の熱をキャッチする。しかし、大気成分の1%にも満たないごくわずかな気体が、地球の温度を左右するとは、常識で考えても

第1章

7

地球温暖化の主要因子説

表1　地球大気の主成分

気体		質量比(%)
チッ素	N₂	75.35
酸素	O₂	23.07
アルゴン	Ar	1.283
水蒸気	H₂O	0.330
二酸化炭素	CO₂	0.054
オゾン	O₃	0.00064

出典：丸山茂徳、『「地球温暖化」論に騙されるな!』、講談社、2008
体積比ではチッ素が78.08％、酸素が20.95％となる。合計が100％とならないのは、各元素の有効桁数が異なるため（著者追記）。

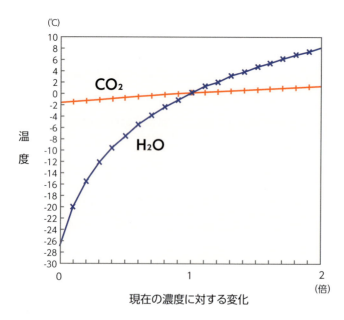

出典：丸山茂徳、『地球温暖化対策が日本を滅ぼす』、PHP研究所、2008

図1　CO₂と水蒸気が与える気温変化

おかしい。温度変化の主因子は水蒸気だそうだ。大気中の水蒸気とCO_2を質量比で見ると、水蒸気が 0.330% であるのに対して、CO_2 は 0.054%。水蒸気は CO_2 の 6 倍もある。現在、大気中の CO_2 の量は 380ppm だが、これが倍の 760ppm になったとしても、図1 に示すように、温度は1.5℃しか上がらない。一方、水蒸気の量を倍にすると、8℃ も上がる。もちろん雲になると温度が低下する。

　CO_2 は、毎年 1ppm 増加しているが、それを温度に換算すると0.004℃にしかならない。一方、水蒸気が形成する雲は 1% 変化すると、1℃もの温度変化をもたらす。通常、雲は地表の半分を覆っていて、プラスマイナス 2% 程度の変化をしているので、雲が多くなるか少なくなるかで 2℃も気温は変わる。IPCC は、この 100 年間で地球の平均気温が、0.74℃上昇したと主張している。この 100 年間で化石燃料を燃やして発生させた人為起源の CO_2 量は 100ppm だそうであるから、この100ppm がどのくらいの気温上昇をもたらしたかを計算すると、0.004℃× 100ppm=0.4℃となる。したがって、100 年間の気温上昇 0.74℃に対して CO_2 の影響は最大でも約 50% 程度だ。

　いずれにしても IPCC は過去 50 年間の気温上昇を人為起源 CO_2 以外では説明できないと述べているが、過去 50 年の気温上昇なら、宇宙線起源の雲が 0.2% 減少することでも説明できる。また、人為起源 CO_2 が気温上昇に影響を与えたとしても、最大で 50% 程度であり、いくらCO_2 削減に取り組んだとしても、温暖化阻止にほとんど貢献することはできない。

　図2 のデータは、IPCC の 2001 年 1 月発表の第 3 次評価報告書に掲載され、「人為的 CO_2 温暖化の決定的証拠」として大々的に宣伝されたグラフである。その後、各界から大きな批判を受けて 2007 年第 4 次報告書で削除され、現在は捏造されたことが明らかになっている。日本の

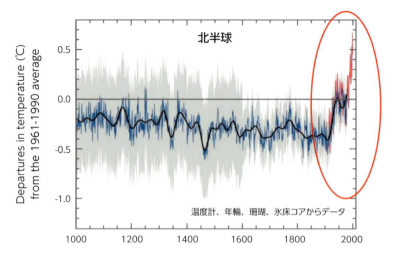

本図は『Nature』に掲載された。このデータで20世紀から気温は急上昇したと大々的に宣伝された。
出典：IPCCの第3次報告書より引用

図2 CO₂による地球温暖化データは捏造

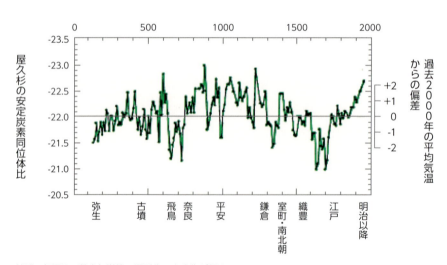

地球の気温は、数十年単位で温暖化、寒冷化が起きている。
出典：槌田敦（元理化学研究所職員）、「CO₂温暖化説は間違い」食品と暮らしの安全、2009年9月号No.245

図3 屋久杉に刻まれた歴史時代の気候変動（北川浩之）

屋久杉の年輪から推定した古代の地球上の温度を**図3**に示す。1000年前の平安、鎌倉時代は平均気温が今のように高かった。こうしたことを古代史を研究されている多くの学者先生方はすでにご存じだったのである。**図4**は、日本の気象庁公表の年平均地上気温である。IPCCは「気温は今後急上昇する」と予言していたが、近年は上昇していない。IPCCは、説明に困っているそうだ。

スベンスマルク氏の発見

デンマークのスベンスマルク氏は過去15年間の宇宙線量の年次変化と雲量の年次変化に正の相関関係があることから、雲核形成と宇宙線量の関係を解釈するプロセスモデルを提唱した。一方、宇宙からの高エネルギー粒子の入射量は太陽活動と密接な関係があるが、太陽活動と負の関係を持つ。太陽活動が活発な時は、強力な太陽風が高エネルギー粒子を吹き飛ばし、地球に入り込むのを防ぐからだ。しかし、太陽活動が不活発な時期は大量の高エネルギー粒子が地球に舞い込む。

過去の太陽活動を見てみると、20世紀の間は、太陽活動は活発だったことがわかる。そのために地球に飛来する宇宙線の量は少なく、雲量も減少していた。したがって地球の平均気温は少し（0.8℃）だが上昇した。ところが21世紀になると太陽活動が低下したために宇宙線量が増え、その結果、地球の気温は低下傾向にある。つまり、地球の気温を支配する最も重要な要素は、太陽活動なのである。

それでは、過去1000年間のかなり大きな気温変動は、雲理論によって説明できるだろうか。詳細なデータを以下、『地球温暖化「CO₂犯人説」は世紀の大ウソ』丸山茂徳ら（宝島社、2020）から引用させていただく。

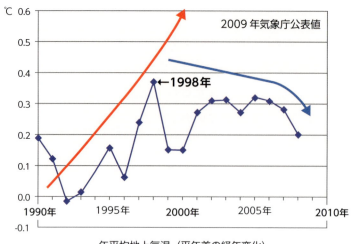

図4　気象庁公表の年平均地上気温
気温は急上昇すると騒がれてきたが、近年は上がらなくなって説明に困っている。
出典：図3と同じ

①宇宙線が増大した四つの時代（1330年頃、1500年頃、1700年頃、1800年頃）は、ともに、太陽活動が衰弱した時代にほぼ完璧に対応している。それらの時代は例外なく寒冷化の時代であった。
②逆に、宇宙線照射量が低下した時代は太陽活動が活発であり、地球の平均気温は温暖期に対応する。
③スベンスマルクらの人工衛星を使った観測データ（1928年から15年間）は、たった15年間しかなく宇宙線と太陽活動の変化は微々たるものであったが、彼らが発見した原理は過去1000年間の古気候の桁違いな変化をカバーしており、彼らのモデルを完全にサポートしている。
④気象変化の炭素安定同位対比$\delta^{13}C$（屋久杉）のデータは、屋久島という地球上の一点のデータなので、地域性がかなり含まれている。しかし、大局的には地球全域のデータと合っている。

⑤これを次に過去2000年前まで拡張すると、屋久杉のδ^{13}C測定による年代データだけだが、200～600年頃の小刻みな気温変化（異常気象）を明確に反映している。

　なお、ここで当時の小泉進次郎環境大臣に進言したい。当時のアメリカのトランプ大統領は、パリ協定を脱退した。その際、議会で、CO_2温暖化説には、疑問があることを説明されている。しかし、日本のマスコミはほとんどそのことを報道していない。どなたに忖度しているのか。ただ、CO_2低減こそ温暖化対策になると、すでに突き進んでおられる人々、企業、団体、国家は後戻りができないのかもしれない。しかし、それに使用される税金は、桁違いに大きい。いくら努力しても地球温暖化にはまったく効果がない。浪費を止めるのは早いほうが良い。CO_2説が間違いであることは事実である。「地球温暖化CO_2犯人説は、科学的に十分立証されていない。立証されるまでは日本はCO_2削減には応じない」と宣言し、パリ協定を脱退してほしい。

太陽黒点の観察されない日が今も続いている

　丸山先生らは、**図5**の注に示すように「太陽活動が低下すると、地球を覆っている太陽風のシールドがなくなり、宇宙から降り注ぐ宇宙線を跳ね返せなくなる。宇宙線はエネルギーが非常に高い放射線で地下の活断層の間にある水分や、火山のマグマの成分が宇宙線に曝されることで気化し、膨張し、活性化することで、大地震や大噴火が多発する」と警告している。

　黒点数の多い期間は通常11年のサイクルだが、それが近年は長くなっている（**図6**）。

　図7に2020年6月の黒点観察結果を示す。いまだに**図6**の赤線のサ

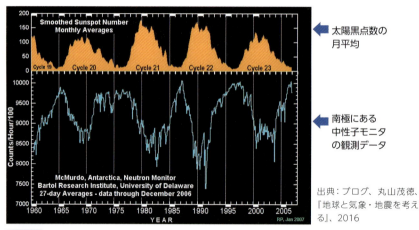

出典：ブログ、丸山茂徳、『地球と気象・地震を考える』、2016

図5　太陽活動と宇宙線強度の時間変化

太陽活動と宇宙線強度との間に反相関がある。
太陽活動が低下すると、地球を覆っている太陽風のシールドがなくなり、宇宙から降り注ぐ宇宙線を跳ね返せなくなる。宇宙線はエネルギーが非常に高い放射線で、地下の活断層の間にある水分や、火山のマグマの成分が宇宙線に曝されることで気化、膨張し活発化することで、大地震や大噴火が多発する。

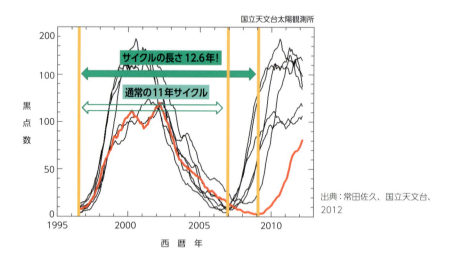

出典：常田佐久、国立天文台、2012

図6　遅れに遅れた太陽活動の上昇

過去7サイクルの黒点数推移を重ねて表示。現サイクルだけ太陽周期が異常に長くなっている。

イクルが長引いているように思える。本項を執筆中の2020年7月4日の夕刊には、「熊本における大雨による球磨川氾濫、住宅流失、土砂崩れ、安否不明10名」の記事が出ていた。このように風水害の多発も太陽黒点の少ない時期（**図7**）に生じている。宇宙線が雲を多く作り、大雨をもたらしている。CO_2を削減しても、何ら役に立たない。国土強靱化の予算化こそ大切である。丸山先生たちは近年、大地震の発生もありうると、危惧されている。例えば、1923年の大正関東地震、1995年の阪神大震災、2011年の東日本大震災も太陽黒点の少ない時期に発生している。

ビニールハウス栽培の農作物は
光合成に必要な CO_2 が不足している

CO_2は高等植物の光合成に大切な役割を果たしている。千葉県農林水産技術会議「トマト・キュウリにおける炭酸ガス施用の技術指導マニュアル」がうまくまとめてあり、引用紹介の許可も得たので以下、内容を紹介させていただく。

現在の大気中の炭酸ガス（CO_2と本節では同義として使用）濃度は380ppm程度であるが、植物はこれよりもある程度高い炭酸ガス濃度でも効率よく光合成を行う能力を有している。この能力を活用して、トマトやキュウリなどの施設野菜では、温室内の炭酸ガス濃度を高める技術として、「炭酸ガス施用」が行われてきた。

図8のデータは、冬期晴天日の温室内の炭酸ガス濃度の推移を示している。夜間は温室が密閉され、作物や土壌微生物の呼吸によって外気より濃度が高くなっている。これに対して、日中は換気により炭酸ガスが外気から導入されるが、この量よりも作物の光合成によって吸収される

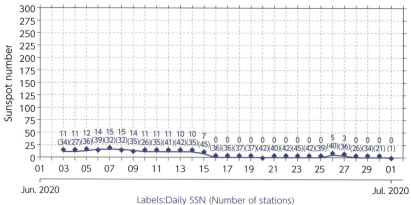

出典：宇宙天気予報センター

図7 太陽黒点の相対値の推定値

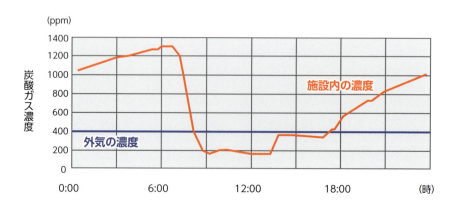

出典：千葉県農林水産技術会議資料より

図8 冬季晴天日における温室内の炭酸ガス濃度の日変化

量が多いため、温室内の濃度は外気よりも低下する。

CO_2 施用は、低濃度長時間が優れる

　従来の炭酸ガス施用は、施設の密閉されている早朝を中心に1000ppm 程度と比較的高い濃度を目標に行われてきたが、近年は 0（ゼロ）濃度差施用や低濃度長時間施用のほうが効率的であることが明らかになっている（**表2**）。どちらも早朝だけでなく、日中長時間にわたって施用する。

　0 濃度差施用は、千葉大学の古在豊樹教授らが提唱する技術で、温室内の炭酸ガス濃度を外気と同じ 380ppm、つまり内外の濃度差 0 をに目標として施用する。作物の栽培温室は密閉されていても実際にはすき間が多く、農ビカーテン 1 層を併設した密閉ガラス温室での換気回数[1]は 0.8 ～ 1.0 回 /h、プラスチックハウスは 0.5 回 /h 程度の空気の交換がある。そのため、高濃度の施用では、作物に利用されるよりむしろ室外へ漏れ出す炭酸ガスが多く、施用効率が悪い。0 濃度差施用の場合、理論上、施用した炭酸ガスの室外への漏れ出しがないので無駄がない。

　*1　換気回数：1 時間当たりの換気量を室内容積で割った指数。

| 表2 | 炭酸ガスの施用法が促成キュウリの収量に及ぼす影響 |

試験区	上物収量 (t/10a)	総収量 (t/10a)	炭酸ガス施用量 (kg/10a)
低濃度長時間区	10.0	11.3	1,700
慣行(早朝高濃度)区	9.0	10.1	1,870
無施用区	6.5	7.5	0

出典：図8と同じ
平成15年11月20日定植、収穫期間は1月1日～3月10日。

一方、低濃度長時間施用は、千葉県の川城らが開発した技術であり、外気より少し高い 400 〜 500ppm を目標にするところが 0 濃度差施用と異なる。冬期は外気温が低いため、必要な換気量が少なく天窓開度は 0.2（全開時の 20%）以内であることが多い。この程度の換気であれば、外気よりやや高い濃度を目標に設定しても、実用的な施用効率に収まるとともに、収量も 0 濃度差施用より高くなることが期待できる（**表 2**）。

　なお、本資料には炭酸ガス施用装置や炭酸ガス濃度測定器の説明もあり、農家には参考になる。

1章8の
はじまりです！

Prologue

油もデンプンもCHOの供給源になる

　本書の編集作業に参加してくれた女性からの質問である。「CHOとは何ですか」。土壌肥料を少しでも学んだ方なら、Cが炭素でHが水素、Oが酸素を指すことは、常識である。しかも、著名なリービッヒの無機栄養説をご存じの方を前提に執筆しているのだが、これら3元素は、光合成で二酸化炭素として、植物は吸収する。水はH_2Oで、植物は根から絶えず吸収しているから、肥料としてあえて施用しなくてもよい。

　しかし、実学としての作物栄養学では、CHOも外部から作物に与えると肥料成分と同じように自分の体をつくる栄養素として吸収し同化する。

　ここで、本文中の表1（107ページ）について簡単に補足しておこう。私が農業試験場に化学部の研究員として採用された1968（昭和43）年当時は、上司が公害分野に化学部も関与すべき新素材があるとして、姫路市の素麺工場に注目した。工場からのデンプン廃液の汚染が稲作に障害を及ぼしているのではとの考えで、私の先輩研究員である直原毅氏が毎週1回、工場排水を採取に行き、ポット栽培のイネに希釈した廃液を注ぎ、生育状況を丁寧に観察されていた。すると明らかに、工場排水を入れたイネの生育がよくなったのだ。

　軽油も同時に調べられた。イネの子実は開花障害を受けて低収量であったが、微量の軽油施用区のわら重は無施用区より明らかに重くなっていた。種子を食べない野菜類ならば、植物は軽油であっても生育のための栄養分として活用する、ということが私にも理解でき、リービッヒ理論の盲信はよくないと思えた事例であった。ラジオアイソトープを使用した実験で、作物は無機養分だけでなく糖、アミノ酸、ビタミンなども根に限らず、葉からもよく吸収し、吸収された養分が素早く全身に転流する。なお、ラジオアイソトープの農業利用の実例として、啓林館の高等学校の物理と化学の教科書に写真が掲載され、提供者として渡辺和彦が10年以上も前から明記されている。

第1章 8　CHOの積極的な供給源

第1章
栄養素の新常識

8

CHOの
積極的な供給
リービッヒも驚く新発見植物は
植物油を利用できる

油やデンプンも作物は利用できる

C（炭素）、H（水素）、O（酸素）が高等生物の必須元素であることは、誰もが知っている。二酸化炭素施用が実用レベルで施設園芸に普及が始まっていることについては、第1章7で紹介した。

今回は、愛知県の有限会社長浜商店の特許技術で、油やデンプンも作物はC、H、O源として有効利用でき、農産物の収量を飛躍的に上げた例を紹介する。ごく最近特許を取られた新肥料もあるが、本項で紹介する主体となる肥料は開発されてからすでに10年以上経過している。

その肥料を説明する前に基礎知識として、兵庫県で実施されていた関連試験結果を見てみよう。

筆者が農業技術者の仲間入りをしたのは、1968（昭和43）年に兵庫県立農業試験場に採用された今から半世紀以上も前である。当時は公害問題が農業分野でも取り上げられ始めた頃であった。その頃、実施されていた試験研究データを二つ紹介する。いずれも先輩研究員の直原毅氏が熱心に担当されていたものだ。

まず一つは、素麺工場から出るデンプン廃液の稲作への影響調査試験である。試験は3年間継続実施された。初年度のデータを**表1**に示す。

表1 デンプン工場廃液の水稲生育への影響　　試験担当：直原毅

区名	7月24日		8月21日		出穂期	成熟期	収量調査	
	草丈	茎数	草丈	茎数	月日	穂数	収比	
	cm	本/ポット	cm	本/ポット		本/ポット	わら	もみ
標準区	51.9	63.0	67.9	48.7	9月6日	48.3	100.0	100.0
5倍希釈	49.1	75.7	72.6	68.7	9月7日	65.3	161.9	156.0
10倍希釈	52.6	72.0	68.8	53.7	9月7日	50.7	130.3	117.0
50倍希釈	52.6	69.0	69.4	51.0	9月6日	45.7	104.1	98.6
100倍希釈	52.4	64.3	68.3	47.0	9月6日	48.0	100.1	98.9
無チッ素	42.4	25.0	57.2	21.5	9月6日	21.0	37.4	42.8

区名	含有率(%)						吸収量(g/ポット)		
	N		P_2O_5		K_2O		N		
	子実	わら	子実	わら	子実	わら	子実	わら	計
標準区	1.08	0.50	0.66	0.21	0.49	2.15	0.71	0.39	1.10
5倍希釈	1.37	0.79	0.66	0.31	0.45	2.85	1.41	0.99	2.40
10倍希釈	1.19	0.74	0.59	0.33	0.44	2.67	0.92	0.75	1.67
50倍希釈	1.11	0.55	0.59	0.27	0.42	2.00	0.72	0.44	1.16
100倍希釈	1.10	0.44	0.61	0.21	0.48	2.08	0.72	0.34	1.06
無チッ素	0.92	0.53	0.54	0.20	0.44	1.92	0.26	0.15	0.41

出典：昭和43年兵庫県立農業試験場、化学部・水質汚濁対策基礎調査成績書

試験方法　(1) 試験期間　昭和42～44年
　　　　　(2) 試験規模　1/200a Wagner pot 3連制
　　　　　(3) 供試土壌　灰色土壌粘土質構造マンガン型、土性　SCL
　　　　　(4) 供試作物　水稲、金南風
　　　　　(5) 栽培期間　6月22日～10月7日

ポット試験であるが、デンプン廃液（試験では5〜100倍希釈液）を投入したほうが稲の生育収量が高くなっていた。稲に弊害が出るだろうとのおおよその予想とは　異なり、**表1**の収量比に示すように、希釈した工場廃液を入れたほうが稲わら重ももみ重も、無添加の標準区より増加していた。3年間ともほぼ同じ傾向であった。

　植物体のN（チッ素）、P（リン）、K（カリウム）の吸収量はいずれも増加しており、工場廃液のなかに微量だが、N、P、Kも含まれていたのではないかとも考えられる。したがって、このデータからは、植物がCHO源としてデンプンも利用できることを示唆しているとは断定できない。しかし、後述の「油も高等植物はCHO給源として利用できる」事実を知っている今の筆者は、デンプン分解物が稲に吸収されることによる生育増進効果も、ある程度反映しているのではないかと考えている。

　もう一つ、石油の稲への影響に関する初年度のデータを**表2**に示す。もみの収量は低くなっているが、わら重は多くなっている。3年間のデータを見たが、ほぼ同傾向である。NPKの分析値を見ても、石油には三要素の肥料成分は入っていない。しかし、チッ素吸収量はわずかだが増加しており、石油がチッ素肥料の肥効を緩効化している可能性はある。これらのデータは、高等植物は油もCHO源として利用できる可能性があることを示唆している。油は地球が誕生した頃から、地球上に存在していたので、石油を分解利用する微生物は各種、もともと土壌中には存在していたと考えられる。

そもそも植物は葉から養分を吸収するのか？

　これは、誰もが最初に浮かべる疑問である。筆者自身も疑問に思っていた。幸い、筆者はラジオアイソトープ（RI：放射線画像化検査）取り扱

| 表2 | 石油の水稲収量への影響　試験担当：直原毅 |

区名	7月24日		8月21日		出穂期	成熟期	収量調査	
	草丈	茎数	草丈	茎数	月日	穂数	収比	
	cm	本/ポット	cm	本/ポット		本/ポット	わら	もみ
標準区	52.5	68.5	68.7	52.5	9月6日	51.5	100.0	100.0
軽油5ml	56.7	64.5	73.0	49.0	9月6日	41.5	106.9	47.9
軽油10ml	55.2	67.5	70.5	46.0	9月8日	25.0	101.1	35.7
無チッ素	42.4	25.0	57.2	21.5	9月6日	21.0	34.3	40.3

市販の石油を8月1日以降、給水時にポット当たり5ml、10mlを1L内外の水に拡散分散させて注入し、成熟期までのべ35回にわたって施用した。

区名	含有率(%)						吸収量吸収量(g/ポット)		
	N		P_2O_5		K_2O		N		
	子実	わら	子実	わら	子実	わら	子実	わら	計
標準区	0.89	0.44	0.59	0.22	0.43	2.20	0.62	0.37	0.99
軽油5ml	1.02	0.55	0.58	0.27	0.51	2.08	0.34	0.50	0.84
軽油10ml	1.10	0.77	0.66	0.42	0.50	2.17	0.27	0.66	0.93
無チッ素	0.92	0.53	0.54	0.20	0.44	1.92	0.26	0.15	0.41

出典：表1と同じ
試験方法は表1と同じ。

いの経験があり（京都大学大学院農学部農芸化学科で放射生化学を専攻。改編され、現在はない）、難しい主任者試験も合格し、法的資格も持っていた。その後、私の有資格を知っていた上司や仲間の職員が応援し、非密封のRI実験室やRI実験温室、高額な放射能測定装置も購入し、その責任者に私を任命してくださった。水を得た魚とはまさにこのことで、3年間で計13種類の放射性同位元素で標識された各種化合物を購入し、精力的に実験を行った（代表的な結果は2006年に農山漁村文化協会より発行された筆者の著書『作物の栄養生理最前線』37〜46ページに詳しい）。**写真1**のように、標識化合物を根からあるいは葉から一定時間与え、その後、熱したアイロンで供試植物体を殺し、放射性物質により画像化した写真が、**写真2〜5**である。葉から養分を吸収することを実体験できた。

油も高等植物は CHO 給源として利用できる

　ここでは新肥料の新発見を補足する情報として、独立行政法人製品評価技術基盤機構バイオテクノロジーセンター産業連携推進課のとりまとめた「どんな微生物が石油を分解するか？」から以下、著者が少し手を加えつつ、抜粋引用させていただく[1]。

> ＊1　https://www.nite.go.jp/nbrc/industry/other/bioreme2009/knowledge/bacteria/bacteria_1.html

石油分解菌の種類と分布

　石油分解菌は、海洋、陸水、土壌と自然界に広く分布している。これまでに多くの石油分解菌が環境中から単離されてきたが、未だ単離されていない菌も多数いると思われる。大昔から石油は、自然に産出する資

写真1　RI実験方法

葉面からの吸収は、写真のようにRI溶液の入ったシャーレにトマトの中位葉を浸漬した。一方、根面吸収法は写真に示すような三角フラスコに同濃度のRI溶液を入れ、根を同時間（約2時間程度）浸した。

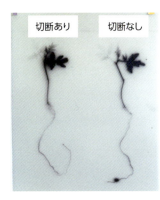

写真2　葉の切り傷の有無による葉からのリン吸収力への影響テスト結果

左のトマト葉の右先端をナイフで切断。右は切断なし。左右ともリン吸収力の差異は認められない。葉からリンはよく吸収され、転流している。

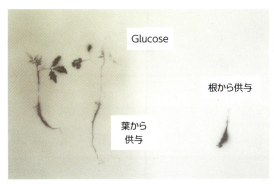

写真3　C^{14}グルコースの葉（左）と根（右）からの吸収転流の様子

葉から与えたグルコースは根まですぐ転流している。一方、根に与えたグルコースは根にとどまっている。供試したグルコースが少量であったため、根で代謝利用されたと考えている。

源であり、太古の昔から海や地表に浸出していた。そのため、微生物のなかには、石油を利用できるように進化してきたものも多い。

細胞内への取り込み

　疎水性の高い物質を微生物が細胞内に取り込む方法としては、現在のところ、以下の三つの方法が考えられている。

(1) 水に溶けているものだけを取り込む。

(2) 界面活性剤を合成し、疎水性物質を 1μm 以下の微粒子に乳化して、取り込む。

(3) 疎水性物質の表面に付着して直接取り込む。

　(1) の方法では、微生物はわずかながら水に溶けた炭水化物を利用する。水に溶けた炭水化物が微生物に消費されると、平衡移動して、炭水化物はその分だけ新たに水に溶けていく、分解速度は溶解速度によって制限される。

　(2) の方法では、微生物はバイオサーファクタントと呼ばれる界面活性剤様の物質を作り出して炭水化物を乳化する。乳化された炭水化物は、1μm 以下の微粒子になって水中に分散し、細胞内に取り込めるようになる。乳化された石油は、バイオサーファクタントを生産した微生物だけでなく、他の分解菌も利用できる。

　(3) は、微生物が石油の表層に付着して、直接、細胞内に石油を取り込むという方法である。微生物は、水層と石油層の界面で増殖する。この方法を用いる微生物は、石油表面に付着するための構造を細胞表層に持っている。界面活性剤は、一般に、石油分解を促進させるとされているが、このタイプの微生物では界面活性剤の添加によって石油分解が阻害されることもある（筆者注：なお、フミン酸やフルボ酸をエタノールに溶かした肥料も市販されている。驚くほど生育への効果を示す。細胞内に取り込

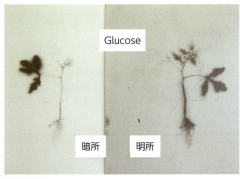

写真4 明所と暗所処理での転流量の違い
同じように葉から与えたグルコースも、明所と暗所の処理により転流量が異なる。グルコースの場合は生体内での転流に、光エネルギーが必要であることが明らかになった。

写真5 チアミンの葉と根からの転流
チアミン（ビタミンB_1）は葉からも吸収転流するが、根からの地上部への転流量が非常に大きい。海外でチアミン入りの葉面散布剤が普及しているが、葉からも根からもチアミンは吸収転流することがこれで確認できた。

まれて作用しているとの証拠は世界的にも学問的証拠はまだない。112ページの
（1）〜（3）は、考えるヒントになればと思う）。

石油分解に影響を及ぼす環境要因

　温度、水分、pH、微生物の栄養塩（C、H、O、N、P、S、K、Na、Mg、Cl、Fe、その他）（筆者注：原著にはビタミンは記入されてないが、長浜商店の新肥料には入っている）。

概算でも必要なC量の考え方：
必要炭素量は、Nの15倍、具体的計算例

　さて、C（炭素）の必要性は理解しているとして、施用量をどのように推定するかも大切である。長浜商店（愛知県豊橋市）の長浜憲孜さんは、『比較植物栄養学』（1974年、高橋英一、養賢堂）にある自然界における元素の分布より、**表3**のように植物の含有率の高い順にとりまとめ、**植物界で必要な炭素量はNのおよそ15倍と推定されている**。以下、長浜さんのC施肥量の求め方を紹介する。**もちろん、概算であっても目安が必要と考えられるためである。**

① 水稲の必要N量は10a当たり9kgとする。

② 4月30日田植え、収穫8月30日の生育期間は120日である。

③ 9000gのNを120日で割ると、1日当たり75g消耗。

④ Nの15倍のCが必要。したがって、75 × 15 ＝ 1125g

ゲル化したデンプン（資材名：GD　ゲル化デンプン）は、Cを6個持っているので、1125 ÷ 6=187.5gのGDが必要。

⑤ 75gのNに対して187.5gのGDが1日の必要量である。

N：GD=1：2.5

表3 自然界における元素含有率

元素	被子植物 (ppm)	哺乳動物 (ppm)	土壌 (ppm)
● C	454,000	484,000	20,000
● O	410,000	186,000	490,000
● H	55,000	66,000	5,000
● N	30,000	87,000	1,000
● Ca	18,000	87,000	13,700
● K	14,000	7,500	14,000
● S	3,400	5,400	700
● Mg	3,200	1,000	5,000
● P	2,300	43,000	650
○ Cl	2,000	3,200	100
Na	1,200	7,300	6,300
○ Mn	630	0.2	850
Al	550	3	71,000
△ Si	200	120	330,000
○ Zn	160	160	50
○ Fe	140	160	38,000
○ B	50	2	10
Sr	26	21	300
Rb	20	18	100
○ Cu	14	2.4	20
○ Ni	2.7	1	40
Pb	2.7	4	10
V	1.6	0.4	100
Ti	1	0.7	5,000
○ Mo	0.9	1	2

出典：高橋英一、1974より（有）長浜商店作成、筆者加筆

●多量必須元素、○微量必須元素、△：価値ある物質

⑥ 3kg の GD は、16 日もつことになる。

⑦ 作物は空気中の CO_2 を吸収してでき上がっているから、天候が良い時は十分ある。したがって、天候の悪い時の分を 2 割程度補うとすれば、計算上 80 日間の補充ができる。3 割の補充で 53.3 日ぐらいもつことになるので、幼穂形成期までもつと考えられる。

油とエタノールの今後の研究に期待

2016 年秋、東京農業大学で行われた第 17 回施肥技術マイスター講座、第 1 回実学コースにおいて、有機農業では多くの方が酢酸の葉面散布や、各種水溶性炭水化物の葉や根からの吸収に興味を持ち試験されていることを筆者は説明した。その後、講座を受講されていた長浜義典さん（長浜商店の長浜憲孜さんのご子息）が兵庫県加古川市の筆者の事務所まで来られ、非常に興味深い事実を教えてくださった。それは「NCV コール」といわれる肥料で、土壌施用にも葉面散布剤にも用いられる、エタノールに、植物油、ビタミン類を入れたものだ。

現在、「NCV コール」の仲間の肥料に「VF コール」といわれる葉面散布剤がある。エタノールにフミン酸、フルボ酸を加えた肥料であり、これら 2 種を混合して使って素晴らしい成果を挙げている生産者がいる。特にブドウなどでは果実を肥大化させ、見栄えも良く、糖度も高く、商品価値の高い農産物を生産することがわかった。

これらの成果をヒントに憲孜さんはさらなる新しい肥料も開発されている。2020 年 8 月 15 日現在、特許申請済みで、稲でも多収穫になる肥料を開発された。それが前出の計算例にあった「GD」という、ゲル化デンプンを肥料化したものである。油もだが、デンプンも C、H、O の供給源になる。その実証圃場を見せてくださった（**写真 6**）。

写真6 ゲル化デンプンを使った稲
愛知県の農家の水稲の様子。新資材のゲル化デンプン「GD」を6kg/10a投入し、NVCコール、「VFコール」は苗にじょうろで潅水処理し、慣行栽培。分げつもコシヒカリで通常20〜25本だが、これは30〜40本と多い。一穂もみ数も通常は70〜100粒だが、156粒と多い。収量調査が楽しみだが、多収穫は確実である。2020年6〜7月撮影。

この種の肥料の効果は実際の農家段階では効果確認ができつつあるが、残念ながら、しかし研究者にとっては幸運なことに、試験研究データがまだない。また、油も炭素源になり得る発見は、憲孜さんが、農業機械がご専門で、油に汚染された農地に作物が順調に生育するご自身の体験が契機となったそうだ。圃場試験も見せていただいたが、天候不良下でも稲において増収効果を示した。

　効果作用の原理も聞けば容易に理解できるのだが、試験研究データ、すなわちメカニズムを証明する基礎研究データはおそらくない。海外一流科学誌の審査に耐えうる試験研究結果が発表できれば、**ドイツの化学者リービッヒも驚く、炭水化物施肥という農業革命となる大発見である。**理化学研究所や住友化学、味の素、東京大学、九州大学、福島大学の植物栄養の研究者達のプロジェクト研究で世界中の特許も視野に、日本発の農業革命の新技術としてこの技術の普及を願っているのは、私一人ではない。

Prologue

堆肥多量で生じた
マンガン欠乏症状の発見

　これは兵庫県でおきた実話である。神戸市西区の軟弱野菜の栽培地域で、シュンギクの葉が黄色くなる、通称「額縁症」が多くの農家で発生した。周辺の圃場整備により、農家の圃場も新しく、彼らの多くは堆肥の重要性もよく知っていて、各自が自分の農地に堆肥置き場を設置していた。近郊には神戸牛の産地があり、牛ふんの入手が簡単だ。生の牛ふん堆肥が野菜に悪影響があることにもよく精通しており、自分たちで熟成堆肥を製作していた。こうした自信のある堆肥を、年間9作もできる軟弱野菜の期間中、年に2～3回は施用していたようだ。圃場整備後3年間くらいは順調だったが、その後多くの農家で「額縁症」が蔓延し始めたのである。

　この地域は、地元の大きな近郊農業産地である。試験場でも当然、担当者を指名し、土壌肥料専門家を当てた。担当者は2～3年で交代したが、研究を始めて7、8年が経っても原因がわからなかった。ところが、化学分析はできるが食品加工専門の永井耕介さんが担当になった途端、2ヵ月ほどでMn欠乏症状と診断し、マンガンの葉面散布で症状の発生が予防できた。彼は土壌肥料担当でないので、専門外の土壌分析結果にこだわらなかった。それがよかったのである。土壌肥料専門家が現地で土壌を採取して職場に持ち帰り、風乾細土にして土壌分析をすると、生土では欠乏していたマンガンを含んだ微生物が死滅し、多く溶出してしまう。長らく原因がつかめなかったのは、こうして得られた値を正規の分析値として扱っていたためであった。第1章6で紹介したBFOF理論の提唱者である、有機農業の小祝先生は生土分析法を採用されている。

　私たち植物栄養学者が尊敬しているマーシュナー博士が、マンガン欠乏の植物はリノール酸が多く、人の健康寿命にはよくないことを提唱されている。マンガン欠乏は堆肥過剰施用で発生する。油の大切さは日本脂質栄養学会の初代会長、奥山治美先生が詳しい。精読ください。

第1章
栄養素の新常識

9

堆肥多量連用で生じるMn欠乏は畑でも水田でも発生。Mn欠乏植物は、オレイン酸を減少させ、リノール酸を増やす

リノール酸過剰摂取（植物油脂、マーガリンなど）はヒトの健康を害する

兵庫県での発見：堆肥連用の畑でマンガン欠乏症の発生

　日本国中の誰もが信じている堆肥の作物への増収効果を兵庫県立農林水産技術総合センター（兵庫農総セ）の堆肥連用試験の結果から見てみよう（**図1**、**表1**）。堆肥連用10年未満までは、10a当たり収量は無施肥＜1t＜3tで、多いほうが良い。しかし、10年を超える頃から、3t施用区の収量は不安定になり、19年から26年目までの平均収量は3t＜無施用＜1tの順である。3t施用は水田では多すぎたのである。

　兵庫県神戸市西区は都市近郊のため軟弱野菜栽培が盛んである。「神戸ビーフ」の名が示すように家畜飼育も盛んで堆肥材料も容易に入手できる。しかし、未熟な堆肥は作物に障害を起こすことは農家もよくご存じである。そこで圃場整備を機会に、各農家は堆肥熟成用のバックヤードを持っている。畜産農家が製作した堆肥に1年間かけて籾殻、米ぬかなどを混合し、熟成させている。自分たちで熟成させた堆肥だから自信もある。年間9作も作る軟弱野菜の、2〜3作ごとに熟成した堆肥を施用する。すると土はホカホカになり農作業も楽になる。

120

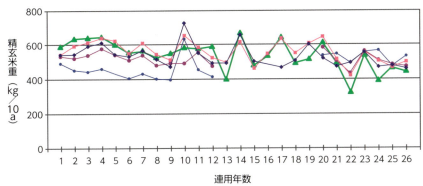

| 図1 | 牛ふん堆肥連用試験26年間の収量 |

兵庫農総セ試験成績書より筆者作図。表1も同じ

品種は「日本晴」。供試堆肥は容量比でふん尿50%、オガ屑およびチップ屑50%を約1年堆積したもの。水分60〜70%、乾物当たりチッ素1〜2%、平均1.5%だが、近年は2%近いものもある。C/N比約20。

| 表1 | 堆肥連用試験26年間の収量変化とりまとめ |

試験区		1〜9年		10〜18年		19〜26年	
		精玄米重	同上比	精玄米重	同上比	精玄米重	同上比
①無堆肥	標肥	549	100.0	549	100.0	509	100.0
②堆肥1t	標肥	582	106.0	565	102.9	529	103.9
③堆肥3t	標肥	591	107.7	553	100.7	474	93.1
④堆肥1t	無肥料	437	79.6	501	91.3	532	104.5
⑤堆肥3t	無肥料	527	96.0	512	93.3	509	100.0

		腐植 %		T-N %	
		試験前	26年後	試験前	26年後
①無堆肥	標肥		1.6		0.14
②堆肥1t	標肥	2.9	2.7	0.17	0.19
③堆肥3t	標肥		4.3		0.28

4〜5年はまったく問題がなかったが、そのうち各農家でシュンギクの葉縁部分から黄色くなる「額縁症」(**写真1**)が発生しだした。さっそく兵庫農総センターでは研究担当者を決め、原因追及に入った。そのデータの一つが**図2**である。堆肥施用区のほうが収量が低くなっている。これは堆肥の施用しすぎが原因で、いくら完熟堆肥といっても毎年10a当たり3〜9tは施用しすぎであった。しかし**写真1**の原因は、土壌肥料の専門家達が10年以上種々調査分析をしてもまったくわからなかった。

　ちょうど私が環境部長に就任して間もなく、化学分析ができるという食品加工専門の永井耕介氏が環境部に配属になった。さっそく、彼に**写真1**の原因究明の任務を任せた。すると、2ヵ月もすると、マンガン欠乏が原因で、マンガンの葉面散布をすると簡単に障害発生を予防できることを発見した。彼は障害発生葉の各種ミネラル含有率を調べ、障害葉は正常葉に比べマンガン含有率が低かったことからマンガンの葉面散布で予防できることを見つけたのだ。当時の日本では初めての現象で大喜びしたが、少し調べてみると、アメリカの教科書には詳しい説明が

写真1 シュンギクのマンガン欠乏症
写真提供：永井耕介

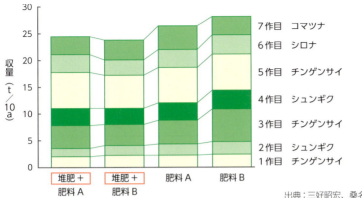

図2 堆肥連用区の収穫量は低い

出ていた。堆肥過剰施用で微生物活性が異常に高くなり、マンガン酸化菌も硝酸性チッ素過剰下では異常に増殖するそうだ。そのことを確認したのが**表2**である。土壌肥料専門家は土壌分析に通常、風乾細土を用いる。生土ではマンガンが低下しているのだが、生土で微量元素分析することは通常行わない。それが、原因解明の遅れた原因であった。

筆者が**表1**に示した圃場の稲も分析したところ、いもち病も発生していた。堆肥多量施用区の稲はマンガン含有率とともに銅含有率も低下していた。マンガンについては、すでに当時、埼玉県農業試験場の六本木和夫氏（1987）が未熟有機物施用による異常穂発生のメカニズムとしてマンガン欠乏症発生を指摘している。日本大学の野口章先生ら（1997）は、湛水下の水稲は有機物の施用により、銅の茎葉含有率が無施用区の4割と最も激しく低下し、次いで亜鉛約70％、マンガン75％、さらに、リン、鉄、カルシウムの順に含有率が低下することを発表されている。湛水下での有機物施用により、無機元素含有率が低下することは普遍的事実のようである。ただ、岡山大学の馬建鋒先生によると、トランスポーターレベルの研究はまだできていないそうである。

表2 牛ふん堆肥施用と湿潤、乾燥処理による微生物活性の変化と可溶性Mn

土壌	処理区	水溶性 Mn mg/kg DW			交換性 Mn mg/kg DW		
		生土	生風乾	熱乾	生土	生風乾	熱乾
場内堆肥連用試験土壌	無堆肥	0.12	1.87	4.38	1.61	5.72	19.95
	堆肥 1t	0.11	1.75	6.12	0.99	6.12	24.65
	堆肥 3t	0.07	0.75	7.08	0.93	4.19	31.20
現地 Mn 欠発生堆肥連用土壌	乾燥前処理	1.57* 同じ土	0.37	6.82	6.11*	0.84	20.85
	湿潤	0.08	0.15	6.24	0.41	0.32	17.25

土壌	処理区	ATP nmol/g soil DW			水分 %		
		生土	生風乾	熱乾	生土	生風乾	熱乾
場内堆肥連用試験土壌	無堆肥	0.33	0.03	0.01	25.5	3.0	0
	堆肥 1t	0.76	0.06	0.00	26.7	4.7	0
	堆肥 3t	1.55	0.14	0.02	38.9	10.2	0
現地 Mn 欠発生堆肥連用土壌	乾燥前処理	0.07*	0.67	0.02	5.3*	16.7	0
	湿潤	1.17	0.21	0.02	33.4	12.8	0

出典：渡辺和彦、2003

*は保管していた風乾細土を利用。10日間湿潤処理後1週間放置乾燥したものを生風乾、105℃にて乾燥したものを熱乾とした。

有機物多量施用によるマンガン欠乏作物は病気にかかりやすい

　植物栄養学の一時代を世界的にリードしたドイツ人科学者、故・マーシュナー博士の著書（『Mineral Nutrution of Higher Plants』1995）には、重要なポイントが記されている。マンガン欠乏作物は、葉も根も病害抵抗性を示すリグニン含有率が低下している（**表3**）。いもち病だけでなく、ごま葉枯病なども発生しやすいが、対策としては、マンガンの葉面散布が良いことを、1953（昭和28）年に京都大学病理学教授の赤井重恭らがすでに試験結果を公表していた（**表4**）。

表3 小麦幼植物における Mn とリグニン含有率

	Mn 含有率(mg/kg 乾物)			
	4.2	7.8	12.1	18.9
リグニン含有率(% 乾物)				
茎葉	4.0	5.8	6.0	6.1
根	3.2	12.8	15.0	15.2

出典：Brown. 1984のデータよりMarschner が計算し作成

特に根のリグニン含有率が低下している。

表4 稲ごま葉枯病に対する MnCl$_2$ の効果率

MnCl$_2$ 10^{-3}mol (Mn 55ppm 20ml) 可用区別	葉長平均 (a)	葉幅平均 (b)	葉面積100 cm^2 当たり			罹病率*	発病抑制率 %
			大病斑数 (S$_1$)	小病斑数 (S$_2$)	計		
接種 216 時間前より加用	24.7	0.6	0	20	20	0.10	85.3
接種 144 時間前より加用	24.8	0.6	1	28	29	0.15	77.9
接種 24 時間前より加用	22.8	0.6	2	44	46	0.26	61.8
接種 24 時間前に散布	23.3	0.6	2	64	66	0.35	48.5
接種 144 時間前に散布	21.8	0.6	6	62	68	0.43	36.8
接種無加用散布	22.3	0.6	14	80	94	0.68	0

出典：赤井・福富、1954

品種は「京都旭」。水耕液中には鉄を加用していない。

*罹病率　$(2S1+0.5S2)/100$

子実収量、子実油・タンパク質への影響

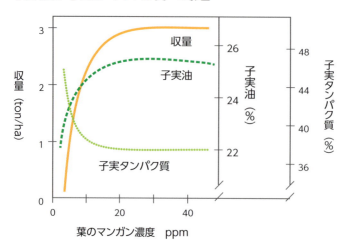

子実の脂肪酸組成への影響

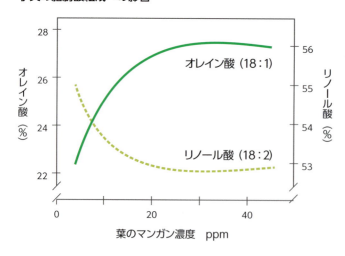

出典：Wilson. et al. 1982 をMarschner,1995 が作図

図3 大豆葉中マンガン濃度と収量・脂質品質

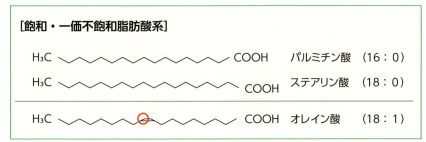

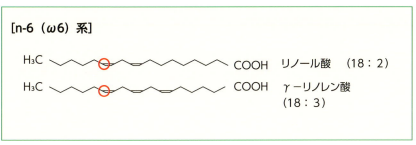

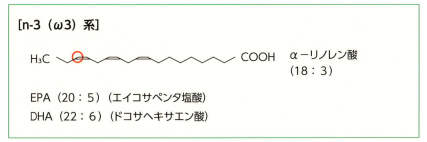

（　）内は略称。脂肪酸は二重結合を持たない飽和脂肪酸と、二重結合を1つ持つ不飽和脂肪酸、二重結合を二つ以上持つ多価不飽和脂肪酸がある。さらに二重結合の位置が図左側のメチル基から数えて6番目から始まっているものを、n-6（またはω-6）系、3番目からのものをn-3（またはω-3）系と分類される。前者の代表はリノール酸で、後者はα－リノレン酸である。なお、良い油でよく知られている魚油に含まれるEPA、DHAはn-3（ω-3）系である。

図4　各種脂肪酸の構造

それと、マーシュナー博士が著書で指摘している重要なことは、マンガン欠乏作物はリノール酸含有率が増加することである（**図3**）。リノール酸といえば**図4**に示すように、n–6（ω–6）系油脂であり、マーガリンなどに多く含まれ（**表5**）、多量摂取すると体に悪い油の代表でもある。日本脂質栄養学会の初代会長の奥山治美先生らは一定量の各種油脂製品をネズミに与え、生存率への影響をみている。最も信頼できるデータである。そのデータの一つが**図5**である。

表5 主な食用油の脂肪酸組成

（100g当たり）

食品名	飽和脂肪酸(g)	一価不飽和脂肪酸(g)	n-6系多価不飽和脂肪酸(g)	n-3系多価不飽和脂肪酸(g)
無塩バター	52.43	18.52	1.72	0.33
ラード	39.29	43.56	9.35	0.46
ソフトタイプマーガリン	21.86	31.19	22.48	1.10
パーム油	47.08	36.70	8.97	0.19
オリーブ油	13.29	74.04	6.64	0.60
なたね油	7.06	60.09	18.59	7.52
米ぬか油	18.80	39.80	32.11	1.15
ごま油	15.04	37.59	40.88	0.31
大豆油	14.87	22.12	49.67	6.10
ひまわり油、高リノール酸	10.25	27.35	57.51	0.43
ひまわり油、高オレイン酸	8.74	79.90	6.57	0.23

出典：5訂増補　日本食品標準分析表より抜粋

筆者が子供の頃（60年も前）、母親から「マーガリンは植物からできた油だからバターより体に良い」と聞かされた。図5によると、バターは安全だがマーガリンは良くない。さらに、植物油に水素添加してできる硬化油はトランス脂肪酸も多く、ネズミを短命化させる。トランス脂肪酸は、脂質異常症や動脈硬化との関連がある。常温で液体の植物性油脂から動物性油脂の飽和脂肪酸に類似した人工品ができる。不自然な人工的な油であるため、人間の体ではうまく代謝できない。血液ドロドロ、さらには動脈硬化、それらがやがて心疾患、脳血管障害へとつながる。また血液の状態が悪くなる。アレルギーや糖尿病、高血圧、免疫力の低下、慢性疲労など様々な不調の原因となる。水素添加した油は食品が長持ちし、安く、サクサクとした食感を与えてくれるので、マーガリンや

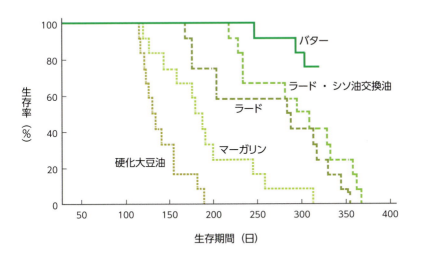

『油の正しい選び方・摂り方』農文協、2008より引用
ラード・シソ油交換油は二つの油脂間でエステル交換を行ったもの。
バター食群は、用意した餌を食べ終わった段階で実験を中断。

図5 マーガリンよりバターが安全

ショートニング、それらを原料にしたパン、ケーキ、お菓子などに多く含まれている。食品表示には「植物性油脂」、「植物油脂」とされている。先進国では使用禁止の国も多いが、日本では表示も義務づけされていない。しかし、日本食品標準成分表（7訂）では、2010年まではマーガリン、ショートニングのトランス脂肪酸含有率の値を食品成分表に記載していたが、2014年の分析調査によるとトランス脂肪酸含有率は大幅な削減が見られており、現在は低減されたことにより記載されていない。昔ほど心配はいらないかもしれない。

　奥山治美先生の「コレステロールと動物性脂肪の摂取を減らし、リノール酸を増やす」という古い栄養指針に基づいた臨床試験の結果が散々であり、むしろ死亡率を増やしてしまった。動物性脂肪がコレステロール値を上げリノール酸油がそれを下げるという観察から、バターよりはマーガリンを、高リノール酸油は善玉！というような栄養指導が続けられてきたが、それが間違いだったのである。現在では「実年（50〜60歳代）以上の人では、コレステロール値が高いほどがん死亡率が低く、長生きである」（図6）という指摘は正しい。卵は1日に10個以上食べても良かったのだ。そしてリノール酸のコレステロール低下作用は、1週間というような短期的な結果であって、長期的には動物性脂肪と差がない。そればかりでなく、リノール酸の摂取が多くてα-リノレン酸群が少ないと、うつ病、動脈硬化、心疾患のほか、欧米型のがん（乳がん、前立腺がん、大腸がんなど）の主要な危険因子となっていた。

　奥山先生は自分たちの図書『油の正しい選び方・摂り方』（農山漁村文化協会、2008年）のあとがきで、**過去40年間に作りあげられた"てんぷら"日本食からの脱皮**を念願されている。リノール酸の多い油を摂取することにより不慮の死、すなわち自殺や暴力死、病名のつかない死亡が増えることが同書で報告されており、世界的には殺人事件が増えるな

どのデータもある（Hibbeln JR. et al. *Lipids.* 2004：39(12);1207-13)。リノール酸の過剰摂取による抑制力の低下が根底にある可能性は否定できない。さらには、うつにはリノール酸摂取を減らし、α–リノレン酸を摂取するのが良いとされている。α–リノレン酸から生成される DHA は脳や網膜のリン脂質に含まれる主要な成分である。妊娠・出産期には母体内の n–3 系脂肪酸枯渇の危険性が無視できないほど高まり、その結果として産後うつを発症する可能性がある。

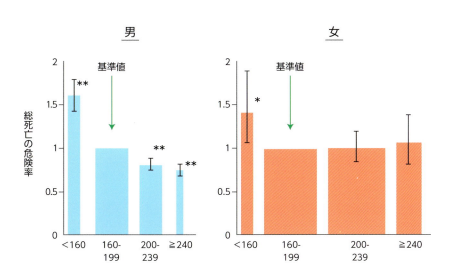

出典：奥山ら編者、『コレステロール　ガイドライン』、中日出版社、2010
1995年以降に発表された日本人5000人以上を含む論文で、メタ分析の行えるもの5報を利用。カラム幅はほぼ対象者数に比例させている。
対象者延べ173,539名　＊：p=0.02、＊＊＜0.0001
メタ解析とは、複数の研究の結果を統合し、より高い見地から分析すること。根拠に基づく医療において、最も質の高い根拠とされる。

図6 血清総コレステロール値と総死亡率の関係－メタ分析

2011 年にハーバード大学から発表された報告書（1996 〜 2006 年の 10 年間にわたる 5 万 4632 人の 50 〜 77 歳の女性を対象とした調査）によれば、表 6 に示すように、n–3 系脂肪酸の摂取増加は、有意にうつ病の発生を減少させることが認められている Lucas. et al.（2011）。

動物、ヒトでのマンガン欠乏・過剰症状

なお、マンガン欠乏症状は、WHO（2011）によるとヒトではまったく認められていない。世界的に通常の食事で十分だそうだ。ただ、マンガン欠乏食で実験的に飼育された動物では、成長障害、骨格異常、生殖障害、新生児の運動失調、脂質および炭水化物代謝の欠陥が見られた。もちろん、人為的なミス、飲用井戸の近くに埋められた乾電池によるマンガン過剰障害もあるが、特殊条件によるため、ここでは割愛する。

表6 各種脂肪酸摂取量と摂取比率の躁うつ症発生相対危険度

脂肪酸	相対危険度	p 値
α-リノレン酸（ALA）	0.81	0.009
EPA+DHA	0.96	0.57
リノール酸（LA）	1.33	0.003
アラキドン酸（AA）	1.06	0.54
ALA：LA	0.77	< 0.001
n-3：n-6	0.74	0.003

出典：Lucas. et al. 2011

相対危険度が、1より上の場合は危険度が上昇することを示す。逆に1以下は危険度の低下を示す。p値のpは確率（probability）のpである。相関係数（r）が出る確率を表している。$p > 0.05$は、偶然そうなる危険率が5％以上で、相関はないと判断する。$p < 0.05$で95％の確率で正しいと判断する。$p < 0.001$は、0.1％以下の危険率、99.9％の確率で正しいと判断する。すなわちp値が小さいほど、その確かさは大きい。つまり、LAに対してALAの摂取量が大きいほど、危険率は低下する。

1章10の
はじまりです！

Prologue

堆肥施用有無の三要素試験

　ほとんどの都道府県の農業試験場は同じだと思われるが、1951（昭和26）年から兵庫県では、稲、麦2毛作、堆肥施用有無の三要素試験を継続している。私が旧・兵庫県立農試に採用になったのは1968（昭和43）年だから、当時すでに試験開始から17年経過していた。本文中の図1（136ページ）に見られるように水稲作では各区の生育差は小さいが、図2（138ページ）の麦作では無堆肥区の生育が著しく低くなっていた。

　その理由はなぜか読者の皆さんはおわかりですか。確か新人の私に先輩の研究員がこれは勉強になりますよ、と自分でそのわけを考えるように指導してくださった。

　まず水田の稲では生育差がほとんどないのに、畑作の麦では、ひどい試験区は収量もゼロに近い。回答しよう。水田は連作しても生育は悪化しない。それは水を湛水すると、水田土壌のpHはほぼ中性に保たれるため。ところが畑作では、肥料の専門用語で、生理的酸性肥料という言葉がある。生理的酸性肥料の代表が硫安。アンモニア態チッ素は、畑作では硝化菌の作用で硝酸になる。硫安（硫酸アンモニウム）の硫酸も酸性である。それが、畑作での酸性化の大きな原因だ。

　塩化カリ（KCl）もKイオンは植物が吸収するが、HCl（塩酸）が残り土壌を酸性化する。畑作では肥料で土壌が酸性化してしまうので、石灰の施用が必須。三要素試験は、そのような非常に大切な事実を初心者に教えてくれるのだ。

　もう一点は堆肥の効果。同じ無リン酸区でも、堆肥の有無によって生育は非常に異なる。その答えは実は第1章10に記載しているので、楽しみにお読みください。

第1章
栄養素の新常識

10

三要素試験から学ぼう！
堆肥施肥で
水田の収量低下を予防

麦作・畑作ではカルシウム施用が必須

三要素試験の方法

　兵庫県立農林水産技術総合センターの土壌肥料部門は、1951（昭和26）年から長年、肥料三要素施用試験を「水稲＋麦」の二毛作体系で継続している。試験は旧兵庫県農業試験場の明石市（灰色化低地水田土、細粒質、粘質）で実施をしていたが、1986（昭和61）年の加西市への移転時に表層60cm（上20cm＋中20cm＋下20cm）の土壌を各試験区ごとに採集し、加西市の当該試験圃場に各々各区、定位置ごとに客土した。

　各試験規模は、1区30㎡（コンクリート枠）で、施肥は硫安（硫酸アンモニウム）、塩加（塩化カリウム）、過石（過リン酸石灰）を各年ごとの施肥基準に基づいて分施している。堆肥施用群には稲わら堆肥を年間1500kg/10a（稲作・麦作前に各750kg/10a）施用、また、石灰資材（消石灰、炭酸石灰）を1951〜1963年には堆肥施用群のみ、1980年以降はpH調整を目的として、全区に計4回施用（消石灰、苦土石灰）している。

　図1、図2は兵庫県立農林水産技術総合センター（兵庫農総セ）の小河甲氏がリン酸を中心に2009（平成21）年にとりまとめたもので、貴重なグラフのためここに引用紹介させていただいた。連用58年間の過リン酸石灰からのリン酸の供給量は、年次ごとの施用量を合計して算出し、

水稲が57作合計318.3kg年平均5.58kg/10a、麦が56作合計370.8、年平均6.62kg/10aとなり、合計689kg、年平均11.88kg/10aであった。また、稲わら堆肥由来のリン酸供給量は、**表2**に示す稲わらのP含有率約0.32％と仮定して、合計247kg、年平均4.33kg/10aと推定した。したがって、堆肥施用・三要素区におけるリン酸総供給量の推定値は、肥料由来と堆肥由来を合計して、936kg、年平均16.4kg/10aとなる。

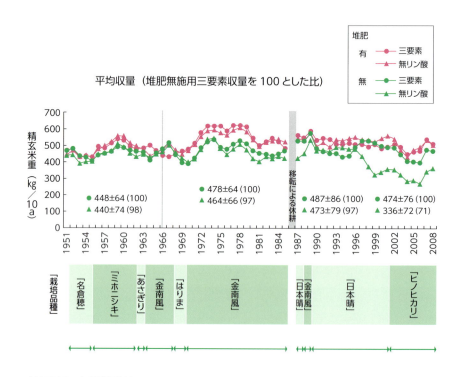

本結果は3ヵ年移動平均値である
1986年に明石から加西に移転時表層60cm客土
出典：図1、図2とも小河甲、兵庫農総セ、2009

図1 長期リン酸無施用が二毛作体系の水稲収量に与える影響

水稲・麦の58年間の収量推移

　堆肥施用群における58年間の収量推移は、無リン酸区は三要素区とほぼ同等であった（**図1**）。一方、堆肥無施用群では、45年間は三要素区と同等に推移したが、1997年頃から無リン酸区の収量低下が著しく、現在は3要素区の2割減で推移している。また、堆肥施用・無リン酸区の収量は、現在でも堆肥無施用、三要素区を約10%上回る。この結果から、堆肥の持つリン酸肥効能力の高さと堆肥施用の必要性がうかがえる。

　麦の堆肥施用群における収量推移は、1975年頃までは無リン酸区は三要素区とほぼ同等であった（**図2**）。その後、無リン酸区が低下し始めたが、現在も三要素区の約60%程度の収量を維持している。一方、堆肥無施用群では、試験開始直後から無リン酸区の収量低下が認められた。この極端な収量低下の原因は非常に重要で、**生理的酸性肥料**の影響

表1　1966（昭和41）年の土壌pHと交換性カルシウム

	区名	土壌pH	ExCaO
堆肥	無肥料	6.2	276
	無チッ素	7.32	273
	無リン酸	6.52	250
	無カリ	6.58	272
	三要素	6.25	242
無堆肥	無肥料	6.00	142
	無チッ素	5.97	155
	無リン酸	4.71	67
	無カリ	4.98	106
	三要素	4.97	128

出典：兵庫県農総セ試験成績書より

である。**表1**に1966（昭和41）年の土壌pHと交換性カルシウム濃度を示す。硫安が、酸性化の影響が最も大きい。このことは、硫安を施用していない無肥料区と無チッ素区のpH低下が少ないことよりわかる。**生理的酸性肥料**は土壌pHを低下させるだけでなく、土壌のカルシウムも流亡させてしまっている。硫安に含まれているアンモニアは水稲に吸収されるが、残された陰イオンの硫酸根が、陽イオンのカルシウムと一

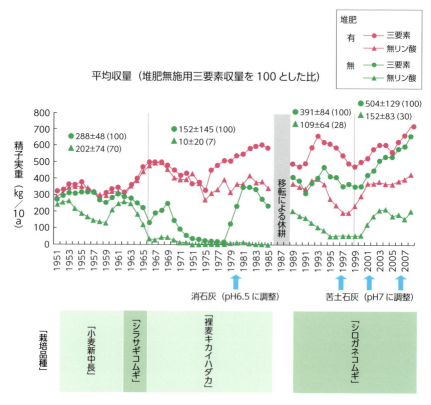

注1：本結果は3ヵ年移動平均値である
注2：1986年に明石 加西に移転時表層60cm客土

図2 長期リン酸無施用が二毛作体型の麦収量に与える影響

緒に地下に流亡している。また、麦作などの畑状態ではアンモニア態チッ素は1週間程で硝酸態チッ素に変換され、土壌を酸性化するだけでなく、硝酸イオンもカルシウムイオンとともに、地下に流亡する。塩化加里のカリは植物に吸収されるが、陰イオンの塩素は残り、これも陽イオンのカルシウムと一緒に地下に流亡してしまう。これらの現象は非常に重要で、化学肥料を扱う初心者は特に知っておくべき事項である。麦（畑作も同様）に対するリン酸施肥と土壌pH調節は不可欠であることが明らかである。

土壌中のリン酸

連用56年目の小麦作後の土壌リン酸を形態別に分析した結果が、**表3**である。無リン酸区の全リン酸は三要素区の約4分の1になっていた。また、無機リン酸の無機態リン酸（Ca型、Al型、Fe型）および可給態リン酸（トルオーグ法、ブレイNo.2法）は堆肥の有無にかかわらずほぼ同量であったが、有機態リン酸は堆肥施用群で高かった。さらに、無リン酸区における有機態リン酸は、三要素区より高くなっていた。

一方、連用20年目（1970年）の分析結果と比較してみると、全リン酸は堆肥を施用している三要素区でも大幅な減少が認められた。また、無リン酸区の無機態リン酸と可給態リン酸は、堆肥の有無にかかわらず、連用20年目の土壌ですでに大幅に減少しており、現在に至るまで、Al型リン酸の消耗が激しいことがわかる。

リン酸についてのまとめ

以上の結果より、リン酸肥料の必要性は水稲に対しては低いが、麦に

対しては高い。さらに、水稲ではリン酸無施用でも、堆肥施用により現在も収量低下が見られないことから、堆肥によるリン酸の肥効は高い。このことより、瀬戸内西南暖地・非火山灰性土壌における二毛作「水稲＋麦」体系では、「堆肥施用＋麦作前のリン酸施肥＋石灰施用」が必要であると考える。

　このことは、1955（昭和30）年発行の京都大学元総長の故・奥田東氏の『土壌・肥料ハンドブック』において、鉄型リン酸の鉄が還元される

表2　供試稲わら堆肥の成分組成（1993年）

水分	T-C	T-N	C/N	P	K	Ca	Mg	Mn	Na	Fe	Zn	Cu
(%)	(%)			(%)							$(mgkg^{-1})$	
82	26.5	1.9	14	0.32	2.8	1.2	0.27	0.23	0.2	0.17	337	26.3

水分以外の数値はすべて乾物当たりの成分含有率。

出典：小河甲、兵庫農総セ、2009

表3　二毛作体系における長期リン酸無施用土壌のリン酸の形態

堆肥施用	肥料区	pH (H2O)	全 P_2O_5 a) $(mgkg^{-1})$	有機態 P_2O_5 b) $(mgkg^{-1})$	無機態 P_2O_5 $(mgkg^{-1})$ c)			可給態 P_2O_5	
					Ca 型	Al 型	Fe 型	トルオーグ法	ブレイ No.2 法
有	三要素	5.4	1631 (3700)	181	155 (147)	770 (805)	264 (274)	68 (100)	620 (481)
	無リン酸	5.0	455 (2200)	235	27 (20)	46 (120)	95 (143)	3 (33)	31 (60)
無	三要素	5.1	1557 (3000)	128	169 (103)	786 (593)	230 (225)	71 (79)	660 (376)
	無リン酸	4.9	400 (2300)	192	25 (5)	46 (93)	94 (105)	0 (0)	30 (39)

採土は2006年度小麦収穫後、可給態 P_2O_5 ブレイ No.2法のみ2000年度水稲収穫後。

a) フッ化水素酸分析法、b) 焙焼法、c) 関谷・江川法、「0」：未検出

（　）は連用20年目（1970年）の土壌分析結果

出典：小河甲、兵庫農総セ、2009

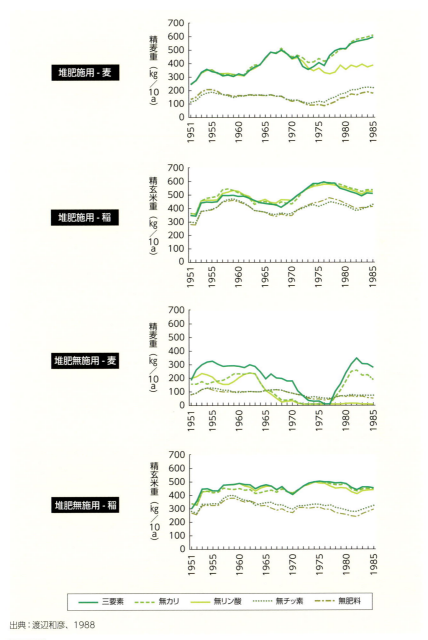

出典:渡辺和彦、1988

図3 図1、2の前期35年間の三要素試験結果の取りまとめ

ため、酸化状態では付加給態の鉄型リン酸のリンが次式のように遊離してくるためと説明されている。

$$\underset{\text{リン酸第二鉄}}{3FePO_4} \xrightarrow[\text{還元}]{} \underset{\text{リン酸第一鉄}}{Fe_3(PO_4)_2} + \underset{\text{遊離リン酸}}{PO_4^{3-}}$$

　ところが、表3では、鉄型リン酸も低下しているが、Al型のリン酸の低下が本試験では著しいことを示している。新しい知見を小河甲氏は本試験結果から発見していたのである。

35年間の三要素試験成績のまとめ

　筆者も1988（昭和63）年、同じ三要素試験結果の1985年までの成果を図3のようにまとめていた。小河氏のデータは無カリ区が略されていたが、この図は無カリ区も入れている。そして35年間、全期間の平均収量比をとりまとめたのが表4である。稲作では堆肥施用では無チッ

表4 35年間継続された三要素試験・全期間の平均収量比

堆肥	水稲作				
	三要素区	無チッ素区	無リン酸区	無カリ区	無肥料区
施用	100	80	100	100	81
無施用	90	64	87	87	59
堆肥	麦作				
施用	100	37	86	99	35
無施用	49	20	22	30	19

出典：渡辺和彦、1988

素以外の収量低下はごくわずかである。堆肥施用、三要素区100に対して無リン酸、無カリの収量はいずれも100である。堆肥を施用していれば、チッ素肥料だけで、リン酸、カリの肥料は省略可能であり、農家の多くが堆肥を施用したら肥料代節約の観点からチッ素施肥だけで栽培しているのも正しい判断である。堆肥施用区の麦作では、無カリ区の収量は99である。チッ素、リン酸の肥料は省けないが、カリは省けることを示している。ところが堆肥無施用区では、三要素区はじめすべての区で連用試験初期から収量は低下している。すなわち畑作では堆肥施用とともにチッ素、リン酸、カリ肥料の施用が必須であることを示している。もちろん、生理的酸性肥料対策としてカルシウム資材の施用も必須である。

リン酸は登熟を促進する

写真1は、1972〜1979年頃より観察された無堆肥、無リン酸区の小麦の成熟遅延の様子である。リン酸不足では種子が成熟せず、葉はいつまでも緑色のままである。写真2は登熟期の稲に施用した放射性リン酸の挙動である。種子にリン酸が集中分布している。糠層（アリューロン層）のリン酸化合物、フィチンを作るためである。フィチンは発芽時に必要なリン酸の貯蔵庫であり、フィチンが正常に蓄積しないと登熟もされない。

野菜作ではカリ施肥は糖度を高める

稲、麦でのカリ欠如は、収量低下の一因になるが、トマトではカリ不足は糖度が低く味覚の劣った果実になる。写真3は、アンモニア態チッ

出典：渡辺和彦

写真1 小麦（品種：キカイハダカ）
1972～1979年頃の無堆肥・リン酸欠除区の様子

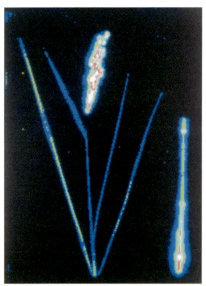

放射性同位元素のオートラジオグラムのフィルムは白黒だが、それを濃度の高→低で赤→白→黄緑→青に変換したもの。リンは稲の穂に集中している。

出典：渡辺和彦

写真2 登熟期に施用したリン酸肥料の稲体での分布

素施用区のカリ欠如区で発生したスジ腐れ果の様子で、維管束も黒変している。カリはマグネシウムとともにショ糖の師管転流を促進するためである。

野菜作ではカルシウム欠乏症がよく発生する

　野菜類ではカルシウム欠乏症状がよく発生する。障害部位を分析するとカルシウム含有率が低いため、カルシウム欠乏症と呼ばれているが、トマトなどではチッ素過剰施肥で容易に尻腐れ果を発生する。**写真4**は白菜の「あんこ入り症状」で、障害部位のカルシウム含有率は低い。兵庫県立農林水産技術総合センター淡路農業技術センター（略：兵庫淡路農技セ）の小林尚武氏は、生育途中の水分欠乏によっても本障害が発生することを、ビニルハウスで水分制限処理試験を行い、実証している（**表5**）。もちろん、生育途中のチッ素過多でも同症状が発生することは農家もよくご存じである。大切なことは、直接の原因が土壌中のカルシウム不足ではないことである。

維管束が黒く、黒スジ腐れ果と呼ばれていた。
出典：森俊人

写真3 カリ欠乏のトマト果実の様子

写真4 生育初期の水分不足で生じた白菜のCa欠乏症状

出典:渡辺和彦

表5 白菜の土壌水分乾燥時期と心腐れ症の発生

乾燥処理	外葉数	全重	球重	発生度	障害発生開始葉位	強度発生開始葉位	葉数
定植後	枚	kg	kg	%	枚	枚	枚
0～10日	15.3	3.08	2.05	33.0	19～	27～	79.5
10～20日	14.8	2.48	1.53	64.1	17～	24～	78.8
20～30日	13.5	3.44	2.30	51.8	19～	30～	86.1
30～40日	13.3	3.35	2.28	61.6	20～	32～	88.0

出典:小林尚武、兵庫淡路農技セ、1987

1章11の
はじまりです！

Prologue

フミン酸、フルボ酸が根を伸ばすメカニズム

　堆肥を施用すると作物根が伸びやすい。この事実は、私たち農業研究者はよく実際の作物根の生育状態を観察しているから、確信をもって「堆肥の第一の効果は作物の根を伸ばすことだ」ということができる。しかし、なぜ根が伸びるか、そのメカニズムについて私は全く知らなかった。

　私には研究者仲間がいる。代表的な一人は、元全国肥料商連合会会長の上杉登さんである。上杉さんは、数年前に私に紹介してくださった小嶋康詞さんの会社の顧問になっておられ、フミン酸、フルボ酸に関する論文を上杉さんたちは、400点ほど収集されたそうだ。

　ついに私にもわかりやすいフミン酸、フルボ酸が根を伸ばすメカニズムを確認した論文を上杉さんから入手した。さっそく、私の一般社団法人「食と農の健康研究所」で毎月1回開催している英語論文精読会で、翻訳でお世話になった西野聡子さんらと取り上げた論文が本章の11である。ちょうどその頃、上杉さんの勉強会グループと一緒に、私の家で腐植物質の勉強会をやろうということになった。

　フミン酸は根内のオーキシン（Auxin）と結合し、細胞膜にあるATPaseを活性化しATPをADPに変え、細胞壁側にプロトン（H^+）を放出し酸性にする。低pH感受性の酵素を活性化し、細胞壁の緩みと根の伸長成長を促進する。電気的勾配も利用し、各栄養素の取り込みも上昇し、根も伸長する。

　なによりも、ATPを分解し無機リン（Pi）が放出されるため、前述の三要素試験での無リン酸区でも、堆肥施用区は完全なリン欠乏状態ではないことが理解できた。難問が解決でき、すっきりとしたのは読者も同じと思う。堆肥は根内に無機リンを放出するのだ！

第1章
栄養素の新常識

11 腐植物質、フミン酸、フルボ酸について正しく学ぶ

化学薬品を使用しないで、フルボ酸、フミン酸液の抽出に世界初成功
インドでは3000年以上も以前から、伝統医薬「シラジット」として利用されていた

　第1章10「三要素試験から学ぼう！」で、堆肥施用の無リン酸区において水稲では、堆肥を施用していれば57年間も三要素区と収量差はなく、水稲が収穫できることを示した。可給態リン酸含有率が3mgと、ほぼゼロ近くまで枯渇していてもである。驚かれた読者も多い。『日本土壌肥料学会誌』の92巻第3号（2021）の阿江教治（前・神戸大学教授）らの論文「堆肥中リンの肥効についての一考察」も、兵庫県立農林水産技術総合センター（小河甲ら）の論文を引用し、堆肥ありの三要素区との収量比が無リン酸区で低下していないことに驚かれている。**写真1**は、2007年当時の無リン酸区の根の様子である。明らかに堆肥施用区の根量が多い。堆肥連用の効果である。

　堆肥を施用しているとこのように根量が多くなるのだが、そのメカニズムも世界の論文を見ていると、明らかになっている。**写真2**がその一部だが、IAA（インドール-3-酢酸）やフミン酸の存在下で根に写真右のように分裂部位ができる。そして**図1**はフミン酸がオーキシンと結合し、細胞膜のプロトンポンプ（H^+-ATPase）を活性化し、H^+イオンをアポプラスト（細胞壁側）へと排出し、細胞壁のpHを下げ酸性化し、低

同じ無リン酸でも根量が異なる。
2007年8月16日　小河甲（兵庫農総セ）の調査サンプルを筆者撮影。

写真1 三要素無リン酸区の稲の根（左：堆肥あり、右：堆肥なし）

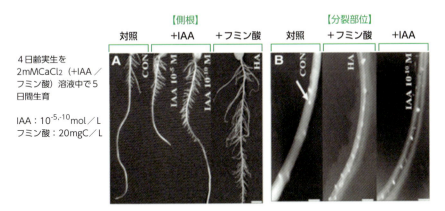

4日齢実生を
2mMCaCl2（+IAA／
フミン酸）溶液中で5
日間生育

IAA：$10^{-5, -10}$ mol／L
フミン酸：20mgC／L

注1：根の分裂組織細胞は継続的な代謝活動があるため、HSの影響を受けやすい。また、トウモロコシ実生の側根の出現に顕著な影響がある。
注2：IAA（インドール-3-酢酸）：$C_{10}HgNO_2$は主な植物ホルモンの一つで発根促進、細胞伸張、細胞分裂誘導などの効果がある。

出典：Canellas and Olivares. *Chem. and Biol.Tech in Agri.* 2014. 1:3

写真2 フミン酸の側根誘導

pH感受性の酵素を活性化し細胞壁の緩みと根の伸張生長を促進する。これを「酸生長説」というそうだ（プロトンATPaseは、ヒトの胃袋を酸性化する際にも働いている著名な酵素である）。堆肥中のフミン酸の働きで、こうしたメカニズムで根が増える状況を報告していた。こうした貴重な論文の存在を教えてくれたのは、本項のメインテーマであるフミン酸、フルボ酸研究グループのおかげである。

　その会は株式会社ケーツーコミュニケーションズ代表取締役の小嶋康詞氏（**写真3**）が、これら腐植物質を**化学薬品を使わないで、針葉樹堆肥から抽出、分離する方法を世界で初めて発見**したことにより、その溶液（HS-2®）の農業利用の道を探求しようとしている小さな研究会グループである。その会は全国肥料商連合会の元会長の上杉登氏を中心とし、企業としては熊本の株式会社生科研、東京の小西安農業資材株式会社、新潟の株式会社ネイグル新潟などで、小人数で実験データの相互紹介や、文献・情報紹介が中心で筆者も参加させていただいている。この会に入り知ったことだが、フルボ酸などに関する海外論文は多く、世界の研究内容は日本の一歩前を走っていた。フミン酸もフルボ酸も人の健康改善効果を示す論文が多くある。

フルボ酸は医薬として、3000年前からヒトの健康維持に利用されていた

　以下の内容は、その理由がわかる一つの総説（出典は**図2**の下に記載）からの引用である。日本でもだが、近年糖尿病、心血管疾患、大腸炎などの慢性炎症に関連する疾患が近年増加している。WinklerとGhoshの論文から引用する。

　「たとえば、2015年のカナダでの糖尿病患者数は340万人で、2026

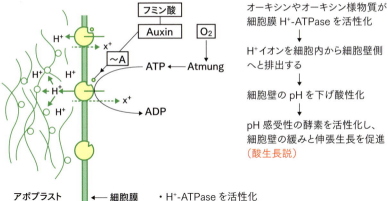

図1 フミン酸によるH⁺ポンプ（H⁺-ATPase）の活性化　　出典：写真2に同じ

オーキシンやオーキシン様物質が細胞膜 H⁺-ATPase を活性化
↓
H⁺イオンを細胞内から細胞壁側へと排出する
↓
細胞壁の pH を下げ酸性化
↓
pH 感受性の酵素を活性化し、細胞壁の緩みと伸張生長を促進
（酸生長説）

・H⁺-ATPase を活性化
・H⁺-ATPase の数も増加
・電気的勾配を利用して栄養素の取り込み上昇
（葉の N、P、K、Ca、Mg 含有量の増加）
・Atmung はドイツ語で呼吸の意味

同社はフミン酸、フルボ酸を化学薬品を使用しないで抽出する方法を発明し、特許を取得。この成功により、化粧品、健康食品への利用が広がりつつある。

写真3 ケーツーコミュニケーションズの小嶋康詞氏

年までに 500 万人に達すると予想されている。数百万ドルがこれらの疾患の治療薬の開発に注がれたが、ほとんど成功していない。したがって、慢性炎症性疾患の治療と予防における新たな道を模索する必要性がある。カナダ保健省が認定しているナチュラルヘルスプロダクト（NHP）は、代替品として有望なルートを提供する可能性がある。一つ目は、開発の必要性がまったくないことである。二つ目は、伝統医学にともなう豊富な歴史があること。フルボ酸は**これら二つの事実を組み合わせた、一般に入手可能な物質、ナチュラルヘルスプロダクト（NHP）**であり、慢性炎症性疾患に有望な結果をもたらしてくれる可能性がある。

　フルボ酸は、インドの伝統的医療（アーユルヴェーダ）として 3000 年間利用されてきた。ヒマラヤ山脈の腐植層からのタールのような浸出液はシラジットと呼ばれる物質であるが、約 15 ～ 20% のフルボ酸を含み、薬用に使用される。古文書によると、シラジットは免疫調節、抗酸化作用、利尿作用、降圧作用、血糖値上昇抑制作用がある。さらに、外服としては鎮痛剤にもなる。しかもシラジットのヒトでの摂取は、安全である。

　フルボ酸は、図 2 に示すように腐植物質と呼ばれる多様な化合物のサブクラス（亜網）であり、微生物による有機分解の副産物である。そして、フルボ酸はすべての pH で可溶であり、アルカリでのみ可溶なフミン酸、そして酸にもアルカリにも不溶のヒューミンに分類される。

　以上が引用である（引用部分内太字は著者）。

　小嶋氏は、針葉樹チップの完熟堆肥を原料とし、pH（25℃）11.0 ～ 13.0 の水抽出を基本に化粧品素材の原料でもある HuFuferme®（フフファーム）、あるいは農業用資材である「HS-2®」を、40℃以上に加熱したアルカリ性電解水に腐植物質を含有する固形原料を浸漬することにより、その腐植物質のうち貴重なフルボ酸およびフミン酸両物質をアルカリ性

電解水中に抽出し、ヒューミンと分離させている。

　抽出原理を簡単に説明すると、酸化還元電位を低下させると水素イオンが多く、酸性になるが、逆に酸化還元電位を高くすると電解液がアルカリ性になる特徴を活用しているのだ。

　フミン酸とフルボ酸の同時水溶化に成功した世界初のこの技術の特許取得は嬉しい。なお特許番号は、第6653858号である。詳しい内容は、この番号で調べられる。また、「HS-2®」は、フミン酸とフルボ酸を高濃度に含有する。化粧品、食品仕様のHuFuferme®は、不純物を取り除き、防腐剤などは入れずにレトルト殺菌を行っている。

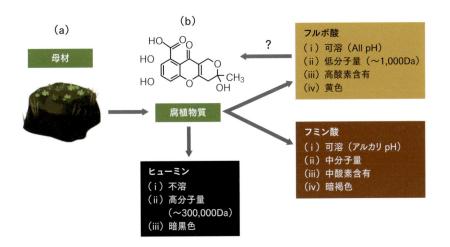

図2　腐植物質の特性と分類
(b) はカナダ保健省により提案されたフルボ酸の構造式である。
出典：Winkler and Ghosh. *J Diabetes Res Set*.10 doi:10.1155/2018/5391014

ミネラル肥料に「HS-2®」を添加した、水稲育苗試験結果

　苗半作といわれるほど、水稲においても苗作りは大切である。試験は稲作の本場、新潟県で実施された。地元では稲作のみでなく、近年は畑作にも力を入れている株式会社ネイグル新潟の現地農家における育苗試験である。畑作でも近年その力が実証されているハニー・フレッシュ（第1章の4に詳しく紹介。マグネシウム、硫黄を多く含み、各種微量元素も含む総合微量要素肥料）に、バイオスティミュラントとして近年有名になりつつあるフミン酸、フルボ酸を多く含む「HS-2®」を混合散布している。生育増は顕著で、苗の乾物生産量は17％もアップ（**表1、写真4**）。前述の三要素試験の堆肥の効果のように根も多く出ている。

　誌面の都合でデータは紹介できないが、熊本県にある株式会社生科研も同社の葉面散布剤「メリットM」、「グリーンセーフプラス」と「HS-2®」との混合施用をコマツナやホウレンソウで栽培試験をしており、生育収量が増加するばかりでなく、微量元素の吸収量が増加することや根圏微生物相が多様化することを観察している。両者の結論は**フミン酸やフルボ酸とミネラル肥料との共存は互いの長所を引き立てることだ。**

　関連して、第2章の1において、「CHOの積極的な供給」として、巨大なブドウや巨大なイチゴの生産農家事例を紹介するが、そこでも、エタノールに溶かしたフミン酸、フルボ酸液を含んだ葉面散布肥料に混合して散布していた。これも「HS-2®」と、同種のバイオスティミュラントである。ただし、それは有機農業には使用できない品物であるが、「HS-2®」は有機JAS適合資材なので、有機農業生産者にとっても本項は朗報である。

　表2に「HS-2®」のヒトへの健康効果を示す機能性測定結果を示す。これらのデータは地方独立行政法人 神奈川県立産業技術総合研究所の

表1　乾物重量比較（5月6日）

	①水	②ハニー・フレッシュ	③「HS-2®」	④ハニー・フレッシュ＋「HS-2®」	⑤他資材
苗重量（籾含む）	2.3	2.4	2.3	2.7	2.3
①との比	100	104.3	100	117.4	100

単位はg　試験場所：新潟県阿賀野市、荻野氏、ハウス内、試験開始日2021年4月14日
表記資材以外は無肥料栽培
35Lの容器に水10Lと育苗箱1枚を入れる。ハニー・フレッシュ：10g　「HS-2®」：1mL　他資材：2mL　品種：従来コシヒカリ
資料提供：(株)ネイグル新潟、小西安農業資材（株）

他資材　　ハニーフレッシュ　　HS-2®　　ハニーフレッシュ　　水
　　　　　＋HS-2®

①水

④ハニー・フレッシュ＋HS-2®

写真4　試験終了時。5月30日の水稲苗の様子

試験結果である。すでに HuFuferme® は、化粧品原料として世の中に流通しており、肌トラブルの改善や美肌効果の評価は高く、また医師による花粉症の臨床試験も実施され、目のかゆみやくしゃみなどの軽減への

表2 「HS-2®プロ」の機能性試験結果

	機能性項目	評価基準	HS-2®プロ 原液測定値	HS-2®プロ 10倍希釈 (HuFuferme®相当)
抗酸化	DPPH ラジカル 消去活性	活性酸素消去能の評価。比較的安定なラジカルである DPPH が持つ不対電子（.）を除去する程度を測定	755 μ molTE/100mL (Trolox 換算)	
	SOD 様活性	活性酸素（スーパーオキサイド）を特異的に過酸化水素と酸素に分解し、不活性化する SOD と同様の能力を測定	93.6%	52.4%
	H-ORAC 法	物質に含まれる親水性の抗酸化物質の抗酸化能を評価	542 μ molTE/100mL (Trolox 換算)	
抗シワ	エラスターゼ 阻害活性	弾力線維とも呼ばれ、網目状のコラーゲンを結びつけ、肌のハリを維持するエラスチンを分解する酵素の活性を阻害する能力を評価	72.2%	71.3%
	ヒアルロニダーゼ 阻害活性 うるおい・ 抗炎症	皮膚の保湿に関わるヒアルロン酸を分解する酵素の活性を阻害する能力を評価。ヒアルロニダーゼは炎症時にも産生され、炎症やアレルギー反応にも関与するため、抗炎症、抗アレルギー能についても評価	114.0%	97.7%
糖吸収 抑制	α - グルコシ ダーゼ阻害活性	二糖類を単糖類に分解し、血糖値を上昇させる酵素の活性を阻害する能力を評価。血糖値の上昇を防ぐ指標	96.2%	82.6%
血圧上 昇抑制	ACE 阻害活性	レニン - アンジオテンシン系で、昇圧作用のあるアンジオテンシンⅠをアンジオテンシンⅡに変換すると同時に、降圧ペプチドのプラジキニンを分解する酵素の活性を阻害する能力を評価	87.2%	39.1%
抗糖化	蛍光性 AGEs 生成抑制作用	還元糖によるタンパク質などの非酵素的な糖化反応から生じる終末糖化物（AGEs）由来の蛍光を測定し、AGEs 生成の阻害率を評価	60.7%	35.6%

出典：地方独立行政法人神奈川県立産業技術総合研究所、2021年1月21日受領

育苗試験で使用している「HS-2®」は抽出方法などを見直し、現在は「HS-2®プロ」として販売

効果が確認されている。表2のデータを見るとその多機能性には驚かされるが、安全性が担保されたケミカルフリー素材の将来が楽しみである。

なお、近年の2型糖尿病に関する医学研究だが、フルボ酸を含むシラジットは、糖尿病ラットの実験ではラットの高血糖を減らし、膵臓ベータ細胞のSOD活性を高めることが発表されている。ヒトでの試験結果は残念ながら見つけられなかったが、小嶋氏はHuFuferme®（10倍希釈液）を飲用したモニタリングレベルのデータとはなるが、すでにお持ちであった（**表3**）。それによると、糖尿病の指標でもあるヘモグロビンA1c値が、HuFuferme®希釈液の2〜3ヵ月間の飲用で、多くの方々の値が低くなっていた。やはり、インドの古典医学は現在でも通じていた。**農業からヒトの健康を目指している筆者には非常に大きな価値ある情報である。読者の皆様とこうした情報を共有できることが私にはうれしいのである。**

表3 HuFuferma®：10倍希釈モニター結果（抜粋）

血糖値改善調査

ヘモグロビン A1c	11.5 → 7.5	1 例
同上	10.5 → 7.2	1 例
同上	9.8 → 6.8	1 例
薬剤服用が必要なくなった		1 例
血糖値改善		多数

出典：小嶋康詞より提供。すべて連絡のつく、飲用賛同者対象

1章12の
はじまりです！

Prologue

硫黄と塩の知られざる効果

　この章では必須元素だけど、その役割が何であるかご存じない人も多いS（硫黄）とCl（塩素）について説明したい。私の経験では、当時硫黄の公害問題を農業試験場化学部でも力を入れ始めたときに、研究員に新人の浅川富美雪さんが担当になった。ちょうど四日市の煙害で、亜硫酸ガスの害について調べていた。私がラジオアイソトープの研究担当であったため、作物に亜硫酸ガスが接触すると、どのようになるかを調べたいと協力を依頼された。

　さっそく35Sラジオアイソトープでラベルした亜硫酸ガスを、ポット栽培していたトマトにビニールで密封したケースの中で被爆させた。写真1（160ページ）の左がそのオートラジオグラムで、亜硫酸ガスの硫黄は葉先に多く存在している。その7日後の植物体の35Sの分布図が右図である。明らかに基部の方に転流している。亜硫酸ガスの硫黄も、トマトは葉から吸収し、栄養分として転流され利用されていることがわかった。

　その後の1994年の土壌学会肥料学会で、京都大学の關谷次郎教授が「ヨーロッパで膨らまないパンが問題になっている。近年のパン小麦は大気汚染がなくなり硫黄不足のためメチオニンが少なく、十分膨らまないパンができてしまっている」事実を講演してくださった。私はまったく知らなく、強く印象に残った。大気汚染での硫化水素も役にたっていたのだ。もちろんそれ以降、硫黄含有肥料を施用するようになり問題は解決している。

　次は塩素だ。アメリカのオハイオ州立大学で毎年開催される花卉栽培農家のための大学教職員による講義「OFA短期研修会」に（株）ハイポネックスジャパンの木下博さんに「土壌肥料の講義もあるから」と誘われ2回ほど一緒に行った。講義は花卉農家対象でわかりやすく、私にとってもためになった。驚いたのは「塩は、多くの病害虫防除に効果があることである」（166ページ表2参照）と花卉農家に防除のため、塩散布を勧められていたことである。

第1章
栄養素の新常識

12

硫黄 (S)、塩素 (Cl) について学ぶ

硫黄は多く必要とされる必須元素
塩は害ばかりではなく、海水施用は
MgとB施肥の意味もある

まずは硫黄を学ぶ

　昔は、硫黄（元素記号 S）欠乏は、日本ではほとんど見受けられなかった。鈴木皓先生（農技研報、1977）によると、わが国で水稲の S 欠乏は認められないとし、灰色低地土の T–S（全硫黄）は 0.036 〜 0.08% であるのに対して、黒ボク土水田では T–S 0.107 〜 0.125% と高く、土壌母材の影響が明瞭であることを明らかにした。しかも大気、降水による S も作物の硫黄源になる。大気中の SO_2 濃度が最も高かった 1965（昭和 40）年にワースト 15 地点で大気環境測定がスタートした。大気中の SO_2 はそのまま土壌に還元されないが、雨水とともに土壌に供給される。

　写真 1 は大気中の亜硫酸ガスが、作物の気孔から入り、時間とともに作物体の下位葉にも転流された様子をラジオアイソトープで視覚化したレントゲンフィルム写真である。

　1994 年当時、「S 欠乏下での代謝変動」について研究されていた關谷次郎（元京都大学教授）の土壌肥料学会会場での講演発表の序論で、膨らみが十分でないパンの写真が投影された。そして「ヨーロッパでは、今、硫黄欠乏障害が食卓にまで問題になっています」と説明された。S 欠乏の小麦で作ったパンの生地では膨らまないことを、まったく知らな

かった私は、さすが京都大学の教授だと強く印象に残った。
　その後、国際植物栄養協会と国際肥料協会の共著書籍の日本語翻訳書『人を健康にする施肥』（農山漁村文化協会、2015）の監修者として携わり、同書158～163ページには、N：Sバランスはタンパク質の価値を確保するために重要であること、SはSH基を含むアミノ酸の成分として製パンのグルテンを構成するグリアジンとグルテニンのサブユニットを構成し、S–S結合はグルテン分子の高分子結合体を安定化し、これが生地の弾力性に関与しているということ、そして多くの引用文献とともに、ポット試験の結果として、S無施肥ではパンの体積が小さく、1ポット当たりのS施肥量が0.1g、0.2g、0.3gでは、パンの体積がともにS施肥量0gより有意に大きくなった結果を写真で示していた。ヨーロッパでもきれいな空気になって、小麦のS欠乏が顕在化したようだ。
　植物の必須元素の一つであるSは、リンの次に多く必要とする。一方、大気汚染がひどかったわが国では、潅漑水や降雨からのSの天然供給

大気汚染研究担当の浅川富美雪による実験。原図：渡辺和彦
写真1 亜硫酸ガスの気孔からの吸収と同化

が豊富であると考えられてきた。また、Sは肥料の副成分（例：過リン酸石灰、硫安）としても農地に入ることが多かったので、Sを養分として考える意識が希薄であった。加えて、水稲根への硫化水素の害（水田の秋落ち）への強い懸念があったため、稲作における無硫酸根肥料の利用が徹底されてきた経緯がある（菅野均志、2019）。このような時代が長く続いた1960年代後半、東京大学の故・三井進午（1968）は無硫酸肥料の連用に対して、S栄養を軽視しないよう注意を喚起している（河井完示、肥料科学、1988）。

　ところが2000年、滋賀県農業試験場の辻藤吾氏が、ペースト肥料施用による水稲の初期生育障害の原因が、有機物を多量に含むペースト肥料での鉄の異常還元で硫酸根が不溶化し、可溶性のSが極端に減少したことで、生じたS欠乏に起因することを明らかにした。また、2006年には、宮城県古川農業試験場でカドミウム汚染水田の一部でS欠乏により水稲が生育停滞し、回避策として育苗箱に80gの石膏を混和すると、生育停滞が回避できたことを報告している。その後、広島県世羅町のある農業法人では、水稲の初期生育の停滞が著しい圃場での育苗床土へのS欠乏対策（コストは10a当たり数百円）により、60kg/10aの収量改善が見られたとの報告がある（広島県、2018）。

　なお、ここで作物のS欠乏症状写真を**写真2〜5**に示す。筆者が、完全栄養培地で生育していた野菜苗を、人為的に作ったS欠如水耕培養液に変更して生じた症状である。**写真2**はキュウリで左は正常、右は完全培地からS欠如培地へ移して育てたキュウリで、上位葉より葉が黄色くなって、チッ素欠如栽培の症状と類似している。**写真3**はS欠如栽培キュウリの根で、完全区の根とほとんど変わらず正常であった。**写真4**はキャベツ苗で生長葉の緑がなくなり黄色くなっている。**写真5**はセロリで新しい生長葉が黄色くなっている。

左：正常、右：S欠如栽培。
渡辺和彦（写真3〜5も同じ）

写真2 キュウリのS欠乏

外見上の異常はなし。

写真3 キュウリS欠乏の根

新葉は黄色い。

写真4 キャベツS欠如栽培

新葉は黄色い。

写真5 セロリS欠如栽培

可給態 S（リン酸二水素カルシウム抽出法）

　土壌の可溶性 S の抽出法に関しては、東北大学土壌立地学分野の菅野均志ら（肥料科学、2019）の研究に詳しい。乾土 5g 相当に 0.01M リン酸二水素カルシウム液を 25mL 加えて（固液比 1：5）2 時間振とうし、抽出液中の S イオン濃度をイオンクロマトグラフにより定量し、乾土 1kg 当たりの S mg と表記する。

　すなわち、辻（2000）が提案した方法とほぼ同じである。前述の広島県東部農業技術指導所によると、当該地域の土壌中 S 含量は、九州大学に依頼し、土壌分析をしていただいているようである。

作物には作物の種類ごとに異なるチッ素と S の比（N/S 比）が必要

　S が作物の必須多量元素であることを忘れている人が多い。農作物の最大生産のため、全チッ素含有率と全硫黄含有率の比は非常に重要で、作物の種類によってほぼ一定している。例えば広島大学の河野憲治（2004 年）によるとトマト 12、オクラ 8 ～ 9、大豆 20、トウモロコシ 15 ～ 16 である。したがって、貧栄養土壌にチッ素施肥をすると作物生育は旺盛になるが、S 不足による欠乏障害を発生する。欠乏障害を発生しなくても潜在的に S 不足状態となり、S 含有肥料の施肥効果が顕著に表れる。チッ素施肥といっても、従来の硫酸アンモニウム肥料ではもちろん S 不足は生じない。硫酸根（硫酸イオン：SO_4^{2-}）を含まない尿素などをチッ素源として使用した場合だけである。ところが現在普及しつつある肥料には硫酸根の入っていない肥料が多い。

表1 海水中元素濃度と培養液濃度 （単位：mg/l）

元素	海水	培養液	元素	海水	培養液
Cl	19,000		Fe	0.01	3
Na	10,500		Zn	0.01	0.05
Mg	1,350	48	Mo	0.01	0.01
S	885	64	Cu	0.003	0.02
Ca	400	160	As	0.003	
K	380	312	U	0.003	
Br	65		Kr	0.0025	
Sr	8.0		V	0.002	
B	4.6	0.5	Mn	0.002	0.5
Si	3.0		Ni	0.002	
C	2.8		Ti	0.001	
F	1.3		Sn	0.0008	
Ar	0.6		Sb	0.0005	
N	0.5	224	Cs	0.0005	
Li	0.17		Se	0.0004	
Rb	0.12		Y	0.0003	
P	0.07	41	Ne	0.00014	
I	0.06		Cd	0.00011	
Ba	0.03		Co	0.00010	
Al	0.01				

出展：海水中濃度は、重松恒信、海水誌、21巻、p.221, 1968、培養液濃度は園試処方

塩素（Cl）を学ぶ

　筆者は塩害という言葉から、塩に対してあまり良い印象を持っていなかった。その私を驚かせてくれたのは、後輩研究員の桑名健夫氏の研究である。カドミウム（元素記号Cd）汚染土壌に塩を添加すると、Cd吸収量が促進されるのだが、なによりも驚いたのは玄米収量である。1/5000ポット試験で塩（NaCl）を0、5、10、20gと施用すると、玄米収量は無施用区100に対して106、94、71と、塩5g施用区が塩無施用区よりも増収したのである。節水栽培下では無施用区46に対して59、47、24と、これまた塩5、10g施用区が、無施用区より多収になった。ポット試験とはいえ、10a換算250kgの大量の塩である。まさか玄米収量が増加するとは予期していなかった。Cd汚染土壌という特殊な条件ではあるが、この事実は、筆者が塩について考え直す大きなきっかけとなった。

　もう一つの転機は、2006年7月にアメリカのオハイオ州で開催されたOFA短期研修会（花き栽培農家のための大学教師による講義）である。そこで筆者は無機栄養元素による病害抑制に関する講義を受けた。ケイ素やカルシウム、マンガン、銅、亜リン酸、塩素など講義の大部分は筆者もすでによく知っていた（渡辺和彦、2003）が、その塩素の説明の際、「塩が有効である」との多くの研究事例の紹介を受け、これまたショックであった。塩素に病害抑制効果があることは既知の事実だが、まさか塩の散布を勧めるとは予期していなかったためである。帰国後さっそく塩と病害抑制についての各種文献を入手したが、多くの研究事例がある。筆者の「塩は作物に施用してはならない」との先入観による勉強不足であった。病害抑制効果の研究事例については、次ページの**表2**に示す。

表2 塩（NaCl）による病害抑制に関する圃場（現場）レベルでの研究事例

作成：渡辺和彦、2006

作物名	科名	病名（英名）	病名（和名）	菌名	塩の施用量	備考	出典
シクラメン	サクラソウ科	Fusarium wilt	萎凋病	Fusarium oxysporum	0.25〜50g／ℓ（培土容量）	生育効果はあるが、病気に対しては効果不十分。塩1g／ℓ以上では生育障害	Elmer. 2002
アスパラガス	ユリ科	Fusarium crown and root rot	立枯病	Fusarium oxysporum	56kg／10a	病害抑制だけでなく、増収効果もあり。NaCl、KCl、CaCl₂、MgCl₂も病害抑制効果があるが、NaClが最も優れていた。Na₂CO₃、NaNO₃など、Naの効果はほとんどない。	Elmer. 2002
					112kg／10a	菌汚染圃場で効果あり。収量も増加（連年施用は注意）。	Reid. et al. 2001
トウモロコシ	イネ科	Stalk rot	赤かび病	Gibberella zeae Gibberella fujikuori	3.7kg、7.4kg／10a	塩素が効果があることは古くから知られている。KClはコストがかかる。左記の量でKClと比較しているが、同等の増収効果も認めている。	Lamond. et al. 2000
大麦	イネ科	Common root rot	斑点病	Cochiobolus sativus（=Helminthosproium）が主原菌	5kg／10a	数年間にわたる現地試験も実施。NaClもKClも同様に効果がある。大麦は耐塩性穀物の代表。	Tinline. et al. 1993
小麦							
小麦	イネ科	Stripe (yellow) rust	黄さび病	Puccinia striiformis	113kg／10a	NaClもKClと同様に効果がある。Russell（1978）が発見（試験のための多量施用）。	Russell. 1978

海水のミネラル成分の特徴

　海水を作物に散布する技術はすでに各方面で普及している。海水の無機塩類濃度と培養液濃度を164ページの**表1**で比較している。作物への海水散布は塩害防止のため少なくとも10倍以上に希釈される。20倍に希釈されたとしても、海水のマグネシウム濃度は培養液以上である。

　ホウ素は、少し適濃度より低いが葉面散布効果は認められる濃度である。すなわち、世間で流通している海水散布は肥料的にはマグネシウムとホウ素とSを与えていると考えられる。

　最後に塩（NaCl）による病害抑制に関する圃場レベルの研究事例を一部のみ紹介する（**表2**）。

ナトリウムの海で生まれた生命

　「生命にとって塩とは何か」の問いについては、高橋英一（京大名誉教授）の著書（農山漁村文化協会、1987）に詳しい。同書に示すように、ナトリウムとカリウムの比（**表3**）を見ると太古からの地球の成り立ち、海ができ、動植物が誕生した歴史を垣間みることができる。例えばヒトの細胞外液のナトリウムは海水のおよそ3分の1の濃度だが、Na/K比は海水と類似している。一方、赤血球や細胞内液は、植物に類似してナトリウムが少なくカリウムが多く含まれている。動物も植物も細胞内酵素はほとんどが共通で、カリウムで活性化される酵素は多くある。海で生まれた生命体は、生命維持のために膜を隔ててカリウムを選択吸収することにより、海水から隔離されたと考えられる。動物は海の衣をまとった生物で、植物は海の衣を脱ぎ捨てた生物といえる。

表3に示すように、海に生息する魚類と褐藻類の比が類似しているのも興味深い。ヒトも全体で見れば、Na/K比は魚類や褐藻類の比、すなわち1に近い。ヒトは体内に生まれ故郷の海水条件を維持するため、カリウムと等量程度のナトリウムを保持していると考えられる。

表3 海水、魚類、植物等のカリウム、ナトリウム含有率

高橋英一、1997より作成

	Na mM	K mM	Cl mM	Na/K 比
海水	457	10	535	46.99
岩石	1027	535	4	1.92
魚類	348	307	169	1.13
褐藻類	1435	1330	133	1.08
ヒト *	139	138	93	1.01
細胞外液				
（血漿）	151	4	110	35.12
（赤血球）	12	95	53	0.13
細胞内液				
（筋細胞）	8	160	2	0.05
被子植物 *	52	358	28	0.15

*は乾物当たり。mM値と原子量（Na:22.99、K:39.10、Cl:35.45）の積がppm値。原子数を基準にしたNa/Kのモル比1：1は、重量を基準にしたppm値の比では2.3：3.9＝1：1.7になる。ナトリウム1g（食塩換算2.54g）に対しカリウムは1.7gと考えると理解しやすい。

Prologue

葉面散布とラジオアイソトープの実験

　私が葉面散布の必要性を力説できる大きな理由がある。それはラジオアイソトープを使って種々の肥料成分元素の挙動を、根と葉からの吸収を比較し、実際に実験をしているからである。「ラジオアイソトープとは何ですか」との質問もされるが、高校の化学や物理でも学ぶので調べてください。戦後、やっと日本の大学でラジオアイソトープの利用研究が始まった。その最先端の研究が京都大学の葛西善三郎教授の研究室で行われていた。その研究室に自分から希望して応募し、大学院修士課程入学試験に合格し入学した。京都大学の学生でも不合格になった試験（事実です）だが、私は丹波篠山市にあった兵庫県立農科大学（現・神戸大学農学部）の2年生後期に受験を決意し、猛勉強の末に合格した。そこは伝統のある研究室で、後に2012（平成24）年文化勲章を受章した山田康之先生（京都大学名誉教授、奈良先端科学技術大学院大学名誉教授）もまだ若く、葛西研究室でラジオアイソトープを使い、ミネラルの葉面吸収実験をされておられた。

　私は兵庫県立農試では、その「非密封ラジオアイソトープ取り扱い主任者」であった。国家試験があり、しかも実験室は年に1回立ち入り検査もあり、研究室の維持経費も安くはない。実は私の退職後、ラジオアイソトープを使う研究者もいなかったためすぐに閉鎖されて、現在は兵庫県にはラジオアイソトープ実験室はない。

　ラジオアイソトープの実験室は、当時流行の生物工学研究室に所属をしていた。新設の研究所で当初は予算も比較的裕福であったことも、私にはメリットのある研究員生活であった。その生物工学研究所も今はなくなっている。余談だが、私が部長になった元化学部はその後、病虫分野の研究室と合併し大所帯の環境部になったが、その中心でもあった化学部は現在3名の担当者と実験室は残っている。しかし、私が退職した後、「化学部」の名前は組織から消滅し、大切だった三要素試験も今は中断されている。

第1章
栄養素の新常識

13 葉面散布の重要性を学ぶ

カルシウム（Ca）、ケイ酸は葉の表面からは入らないが、茎より入る病虫害被害の軽減に効果大

はじめに

　鳥取大学の故・山崎傳先生の著書『微量要素と多量要素』（博友社、1966）の発刊以降、近年の土壌肥料学では、葉面散布の重要性はまったく忘れられてしまったのか、項目を起こしてまで執筆されることがなくなってしまった。筆者はこの現象に危機感を感じている。牛ふん堆肥を多量に施用している最近の農地では、亜鉛や銅などの微量元素は土壌に施用しても有機物に吸着固定され、作物に吸収されない。まさに微量要素を作物に供給する手段として葉面散布は非常に必要な技術である。ところが、筆者自身もラジオアイソトープを用い、葉面吸収のメカニズムを調べていて、非常に重要な現象を認めた。それは、カルシウム（Ca）は葉からまったくといっていいほど吸収されないことである。**写真1**はトマトを用いた実験である。吸収されにくいとは知っていたが、葉からのCaはまったく転流されない。**写真1**の右側のリンは少ないが、確かに葉より吸収され根まで転流している。

　次にハクサイの幼植物を用いて7日経過したものの実験結果を**写真2**に示す。遅いのではなく、まったく吸収転流しないのである。ところが、**写真3**は茎で与えたCaは急速に地上部へと転流する。実験方法は**図1**

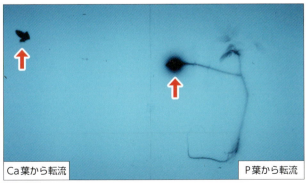

Ca葉から転流　　　　P葉から転流　　写真提供：渡辺和彦

写真1 トマト幼植物の葉から与えた^{45}Caと^{32}Pの挙動

写真2
ハクサイ幼植物での、^{45}Caを葉に添付して1週間後のオートラジオグラム

遅いのではなく、まったく転流していない。部分的に白い点が見えるだけなのは、^{45}Caが発する放射線のあるところだけフィルムが感光するため。

^{45}Ca添付
1週間後の
オートラジオグラム

写真提供：渡辺和彦

茎に与えた
^{45}Caの動き

写真提供：渡辺和彦

写真3 トマト幼植物の茎に与えた^{45}Ca 3時間後の動き

に示す。その速度は**図2**に示すように、根からの吸収転流速度よりも早いのである。

　写真4は、トマトの茎部に ³²P を与えて3時間後にアイロン加熱したもの、左は植物サンプルである。右はオートラジオグラムで、この発見はわれわれが日本では最初である。もちろん、Ca が葉より吸収転流しないとの報告は海外ではすでにあり、同じく各種ラジオアイソトープ元素を使った論文がある（Bukovac and Wittwer. 1957）。それによると、①よく転流する元素は Rb、Na、K、P、Cl、S、②転流する元素は Zn、Cu、Mn、Fe、Mo、③転流しない元素は Ca、Sr、Ba と結論されていた。しかし、農業上 Ca を施用目的とした葉面散布剤も各種市販されており、実用上の効果も多く認められている。

　そこで気づいたのは茎からの吸収転流である。葉面散布といっても茎にも散布されるのだ。さっそく確認した。対象としてリンを使用したのが**写真4**である。リンの場合も茎から吸収転流はするが Ca のスピードには劣る。このスピードの速さは、転流が細胞内のシンプラストでなく、細胞外のアポプラスト主体となっているためと推測される。第1章4に、

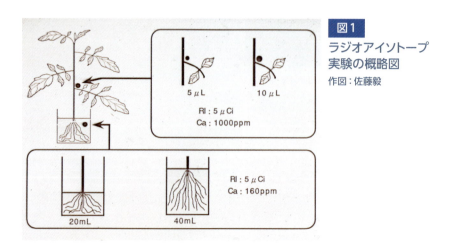

図1

ラジオアイソトープ実験の概略図

作図：佐藤毅

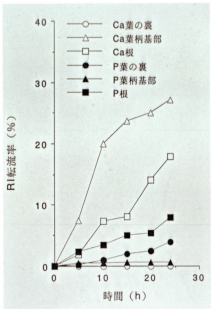

図2
実験開始時間ごとの測定結果
放射能量は全試料を粉砕後、一定量サンプリングして測定し、全吸収量を計算により求める。

第1章 13 葉面散布の重要性

写真提供：渡辺和彦

左は植物サンプル、右はオートラジオグラム（レントゲン写真。黒いところが^{32}Pの存在場所）。

写真4 トマト苗の茎部に^{32}Pをマイクロピペットで供試3時間後にアイロンで反応停止

アポプラスト障壁仮説を図で紹介した。近年、株式会社ネイグル新潟を中心に広がっている野菜へのケイ酸含有葉面散布資材「ハニー・フレッシュ」（小西安農業資材株式会社製造・販売）による効果も、ケイ酸の葉面からの吸収は否定されているが、茎からの吸収と考えられる。海外でも、ケイ酸も Ca と同じく、ケイ酸トランスポーターの有無が確認され、ケイ酸は葉面からは吸収・転流されないことが明らかになっているが、病害抵抗性効果があることは認められている（Datnoff. et al. 2017）。まったく吸収されないのなら、病害抵抗性にも効果がないはずである。ケイ酸も Ca と同じく茎から吸収転流していると考えるのが普通である。

Ca と Si の病害虫抵抗性関連について

表1に Ca とケイ酸の既知の病害抵抗性効果の事例を示す。この表は、筆者が 2003 年に農山漁村文化協会の『農業技術大系』に「作物の病害虫抵抗力への肥料の関与とその機作」として、各種文献からとりまとめたものに、今回部分的に追加記載したものだ。良いことばかりではない。赤字は注意事項である。

まず、赤字で示したうちの良い面について述べよう。兵庫県立農林水産技術総合センターの杉本琢真氏による研究だが、図3に示すようにギ酸 Ca（晃栄化学工業株式会社製造・販売、商品名「スイカル」）が無機元素の Ca 以上に茎疫病菌の遊走子放出を阻害することは注目したい。公立農業試験場で他作物における同様の効果をすでに認めている事例があると伝え聞いたが、公務員の立場上、商品名や含有成分名も公表されていない。杉本氏の研究は海外の一流誌、*Plant Dis.*（2008）に英文で公表されている。

なお、忘れてはいけないのは大塚アグリテクノ株式会社で亜リン酸粒

状肥料の作成に成功していた佐藤毅氏は、前川和正氏（兵庫県農技）らと兵庫県篠山市での黒大豆での茎疫病で同肥料が病原菌に効果があるだけでなく、収量も増加することを認めている（前川ら、2011）。このことは現在も地元の栽培ごよみに記載されている。

　なお、ケイ酸において、兵庫県の神頭武嗣氏ら（1998）の論文では「とよのか」、「女峰」、「宝幸早生」の3品種を供試し、ケイ酸を添加した養液でイチゴを水耕栽培した際、うどんこ病の発生について、約3ヵ月にわたり高い抑制効果を認めている。一方、海外の論文ではケイ酸の流入と排出を司る2種のケイ酸トランスポーターの有無も確認し、ケイ酸によりイチゴの市場性果実生産収量の有意な増加を観察したとの詳細な報告もある（Ouellette. et al. 2017）。さらに、ケイ酸施用でイチゴの着色不良果（はくろう果）が発生しやすくなる（Lieten. 2002）との報告もある。日本では神頭らの肯定的な報告もあるが、山崎浩道ら（2006）に

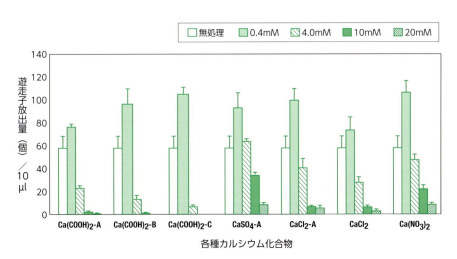

図3　各種Ca剤の茎疫病遊走子放出に及ぼす影響
図中のバーは標準誤差を示す。出典：杉本琢真、『植物防疫』、2009

表1 CaとSiの病虫害軽減効果（例外あり）

元素	作物名	病名	病原菌、害虫学名等	分類
Ca	トマト	かいよう病	Clavibacter michiganense	細菌
		青枯病	Ralstonia solanacearum	
		萎凋病	Fusarium oxysporum	糸状菌
	インゲンマメ	軟腐病	Erwinia carotovora	細菌
	ジャガイモ	軟腐病	Erwinia carotovora	
		そうか病	Streptomyces spp.	放線菌
	小麦	立枯病	Gaeumannomyces graminis	糸状菌
	大豆	菌核病	Sclerotium spp.	
		茎疫病	Phytophthora sojae	
	ピーマン	白絹病	Sclerotium rolfsii	
	ハクサイ	根こぶ病	Plasmodiophora brassicae	
	インゲンマメ	リゾクトニア根腐病	Rhizoctonia solani	
	タマネギ	黒かび病	Aspergillus nigar	
	レタス	灰色かび病	Botrytis cinerea	
	リンゴ	黄腐病	Gloesporium perennans	
Si	稲	葉しょう褐変病	Pseudomonas fuscovaginae	糸状菌
		いもち病	Pyricularia grisea	
		紋枯病	Thanatephorus cucumeris	
		ごま葉枯病	Cachliobolus miyabeanus	
		小粒菌核病	Magnaporthe salvinii	
	大麦	うどんこ病	Blumeria graminis	
	小麦			
	キュウリ	うどんこ病	Sphaerotheca fuliginea	
		つる割病	Fusarium oxysporum	
		褐斑病	Corynespora cassiicola	
		（根腐病の一種）	Pythium spp.	
	マスクメロン	うどんこ病	Sphaerotheca fuliginea	
	ペポカボチャ		Sphaerotheca cucurbitae	
	イチゴ		Sphaerotheca aphanis	
	バラ		Oidium rosae-indicae	
	ブドウ		Uncinula necator	
	稲	ニカメイガ	Chilo suppressalis	昆虫
		トビイロウンカ	Nilaparvata lugens	
	小麦	アブラムシ	Sitobion avenae（アブラムシの1種）	
	ジャガイモ	そうか病	Streptomyces spp.	放線菌

sppとは学名表記でXxxx属の一種という意味。種小名までは同定していないという意味である。
渡辺和彦作成（2003）に加筆、2022

備考（文献内容）	傾向	出典
Ca 供給量増加で被害減、抵抗性品種 Ca 多	Ca で被害減	Berry. et al.(1967)
Ca 供給量（水耕 20.4mM）で被害減		山崎浩道、保科次雄（1993）
		Corden (1966)
Ca 含量増で、ペクチン分解酵素活性低下		Platero and Tejerina(1976)
Ca 含量増で被害軽減		Kelman. et al.(1989)
土壌の pH 上昇で Al^{3+}　不活性化、菌増殖	pH で被害増	Mizuno and Yoshida(1993)
アルカリで可溶性チッ素増え被害増加		Trolldenler (1981)
Ca 供給量増加で被害減、生理障害も減	Ca で被害減	Muchovej and Muchovej(1982)
ギ酸 Ca10mM 苗に処理、菌糸生育も抑制		Sugimoto. et al.(2008)
低 pH で被害大、高 pH で被害減少		松田明（1977）
高 pH で被害軽減、Ca 供給量増加も関与		Webster and Dixon(1991)
Ca がペクチン分解酵素活性を阻害		Bateman and Lumsden(1965)
角皮層 Ca 含量低下が要因、EDAX 分析		田中欽二、野中福次 (1990)
養分バランス実験で Ca 含量低下で被害増		Krauss(1971)
Ca 含量大で貯蔵腐敗減、前処理効果有		Sharpless and Johnson(1977)
茎葉 SiO$_2$ 含有率を止葉期 6% 以上で効果	Si で被害減	白石加代ら（1999）
Si は薬剤散布と同程度、苗いもち抑制		前川和正ら（2001）
ナイジェリアでの陸稲での試験結果		Yamauchi amd Winslow(1987)
ケイ酸施用により特に大型斑点数が減少		赤井重恭 (1953)
Si 施用により可用性チッ素含有率が減少		吉井甫ら（1958）
菌糸侵入部位に Si 集積、自家発光を観察		Koga. et al. (1988)
菌糸侵入部位に Ca、Si、Mn の集積を観察		Kunoh(1990)
Si 施用、菌接種で抗菌物質（ラムネチン）生成		Fawe. et al.(1998)
ケイ酸カリ 450kg/10a 施用で発病抑制		三宅靖人、高橋英一（1982）
ケイ酸 Ca200kg/10a 施用で発病抑制		狭間渉（1993）
水耕液に SiO$_2$1.7mM（100ppm）で発病抑制		Chérif. et al.(1994)
17mM ケイ酸カリの葉面散布、菌抑制		Menzies. et al. (1992)
ただし、1.7mMSi を含んだ培養液も効果		Menzies. et al. (1992)
ケイ酸 100ppm で被害皆無		神頭武嗣ら（1997）
品種 (女峰、北の輝き等)によっては収量激減	Si で収量減	山崎浩道ら（2006）
Belanger らの総説より引用	Si で被害減	Belanger. et al.(1995)
17mM の可溶性 Si 散布、菌抑制		Bowen. et al.(1992)
珪質化の少ない、チッ素の高い品種被害大		馬場 赳 (1944)
作物中の可溶性 Si を吸汁阻害物質として認める。		Sogawa(1982)
1%Na$_2$SiO$_3$ の葉面散布で被害軽減		Hanisch (1980)
潅漑水 Si が Al^{3+} を不活性化、被害増加	Si で被害増	水野直治、吉田穂積（1994）

よると、ケイ酸無添加、0.83mM、1.67mM の３段階でイチゴ「女峰」、「とちおとめ」、「さちのか」、「北の輝」のポット苗に短日処理を行い、花成誘導した後、やし殻を培地とした高設栽培槽に定植した。処理開始から１ヵ月までケイ酸1.67mM区でイチゴの新出葉数は有意に少なく、出蕾・開花も同区でやや遅れる傾向を示すなど、培養液への高濃度ケイ酸添加は生育を抑制した。収穫後期には「女峰」、「北の輝」のケイ酸添加区では着色不良果が多発した、との報告がある。この差は品種の違いと思われる。

　筆者は、イチゴと同じバラ科のリンゴで、ケイ酸散布を試みた１本のリンゴが３年間芽が出なかった農業生産現場（長野県）での事実や、わが家のサクランボ（バラ科）でケイ酸含有葉面散布剤散布による果実数の減少を確認しているので、品種によるが、バラ科作物にケイ酸含有肥料を散布する時は、注意を払う必要があることを強調しておきたい。

各種ミネラルの葉面散布濃度について

　多量要素に関する葉面散布の日本の経緯を筆者も読者の皆様とともに正しく知っておきたいので、冒頭に述べた山崎傳先生の書籍から、以下に抜粋引用させていただいた。また、同書の一覧表を**表2**として、引用記載させていただいている。以下、同書より部分的に引用紹介させていただく。

1) 多量要素の葉面散布
a) チッ素、リン酸、カリウムの葉面散布
かつて、外国で、硝酸ナトリウム（$NaNO_3$）、硝酸カリウム（KNO_3）などを農薬と混合して、リンゴの葉面散布に用いられたことがあったが、6g/L 以上で、また硫酸アンモニアも 9.6g/L（3.6g 消石灰可用）で薬害

表2 葉面散布の養分濃度率

肥料要素	使用化合物	対象作物（濃度）
チッ素 (N)	尿素　$CO(NH_2)_2$	トマト(0.75%)、セロリ(1.0%)、稲(0.2%)、障害稲(2% 液150l /10a)麦(0.2%)、クワ(0.5-1.0%)、茶(0.5-0.6%)、リンゴ(0.4-0.5%：6〜8月、0.8%(9月)、1.0%(11〜12月)、開花直前、開花10日後。0.8%：9月 1% カンキツ(0.5%：6-8月、0.8%：9月、1.0%(11-12月)→一般果樹(0.4-0.6%：5〜6月下旬)一般そ菜(1-2%、幼苗には0.5%)
リン (P)	リン酸第1ナトリウム 　　NaH_2PO_4 　〃　第1アンモニウム 　　$NH_4H_2PO_4$ 　〃　第2アンモニウム	各種作物(0.5-1.0%)
カリウム (K)	一般に葉面散布は行われない	―
カルシウム (Ca)	塩化カルシウム　$CaCl_2$ 硫酸カルシウム　$CaSO_4$	各作物(0.3-0.4%)
マグネシウム (Mg)	硫酸マグネシウム 　$MgSO_4 \cdot H_2O$	果樹(2-4%) イネ(0.5-1.0%)いずれも数回散布
イオウ (S)	一般に葉面散布は行われない	―
鉄 (Fe)	硫酸第1鉄 　$FeSO_4 \cdot 2H_2O$ 　〃　第2鉄　$Fe_2(SO_4)_3$ キレート鉄	各作物(0.1-0.2%)数回散布　花き 10ppm 各作物(0.1-0.2%)数回散布　花き 10ppm 各作物(0.1-0.3)数回散布　花き 10ppm
マンガン (Mn)	硫酸マンガン 　$MnSO_4 \cdot 4H_2O$ と生石灰 硫酸マンガン 　$MnSO_4 \cdot 4H_2O$	カンキツ、モモ、ブドウ 　(等量混合 0.25-0.3%：5-6月、あるいは休眠期(3月)に石灰硫黄合剤に硫酸マンガンの1.5%液として散布) そ菜(0.3%)、麦類(0.5-1.0%)いずれも数回散布　花き 456ppm
ホウ素 (B)	ホウ砂　$Na_2B_4O_7 \cdot 10H_2O$ ホウ酸　H_3BO_3	セロリ(0.3-0.4%)、ナタネ(1.0%) ブドウ(0.3%：開花10日前頃 ナシ(0.06-0.12%)、一般果樹(0.2-0.3%：5-6月)いずれも半量の生石灰を混ぜ、1-2回散布
亜鉛 (Zn)	硫酸亜鉛　$ZnSO_4$ 硫酸亜鉛　0.6% 生石灰　　0.5% カゼイン石灰 0.1% 　あるいは 硫酸亜鉛 0.1-0.2% に 生石灰を混ぜる	リンゴ(0.3%)、ブドウ(剪定後切口に 2.5% 液塗布)、カンキツ(0.5-0.6%：芽のふくらむ前、真夏には 0.12-0.2%) 花き 45ppm 一般果樹(1-3%：芽のふくらむ前) なおリンゴ、ナシ、カンキツの斑葉病に対しては、左の液を5〜6月に散布 左のものを春季に2〜3回散布
銅 (Cu)	硫酸銅　$CuSO_4 \cdot 5H_2O$	一般作物(同量の生石灰を混ぜ 0.01%) 果樹生石灰を混ぜ 0.5-1.0%
モリブデン (Mo)	モリブデン酸アンモン 　$(NH_4)_6 \cdot Mo_7O_{24} \cdot 4H_2O$ モリブデン酸ソーダ 　$Na_2MoO_4 \cdot 2H_2O$	各種作物(0.01%、床苗では 0.07%)

赤字で示したのは糸川修司（高知農研）2005年とりまとめより引用

1週間おきに4〜6回散布も濃度障害を示さず、効果を示す濃度

出典：山崎傳『微量要素と多量要素』博友社、1966

赤字で示した追記は、渡辺和彦『作物の栄養生理最前線』農山漁村文化協会、2006

が出た。尿素は6g/L（12g消石灰可用）でも薬害が出なかったという報告がある。このようなことから、現在チッ素補給の目的には、専ら尿素が用いられるようになった。

　尿素の説明が多いが、筆者たちも尿素の葉面からの吸収実験を行い、驚いた。**写真5**を見てみよう。吸収開始から3時間後の転流結果である。他の元素や多くの有機化合物と異なり、根からよりも葉からのほうが、吸収量が多くて早い（『農業技術大系』「葉からの養分吸収」、1990）。尿素はアクアポリン6（細胞膜にあるイオン透過性を持つタンパク質）から入るとの報告がある（Holm L. et al. 2004）。**写真6**は、葉からの転流に及ぼす明暗の影響である。われわれが供試観察したミネラル、有機化合物すべてで同じことが観察された。ところが、『農耕と園藝』2020年秋号「バイオスティミュラント特集」で紹介した理化学研究所（チームリーダー市橋泰範氏ら）、東京大学グループ（二瓶直登氏ら）が小祝農法の基本でもあるBLOF理論の栽培試験で、BLOF理論適用区は作物収量が高かったことについて、太陽熱処理区ではアラニンやコリンが特異的に多く作出されていたことを発見した。コリンは生科研株式会社などが従来、生育促進物質として販売している。**写真7**を見てみよう。通常の栄養成分は光存在の有無で、転流量が異なるのだが、塩化コリンは光有無の影響をほとんど受けない特異物質であった。さらに以下、引用する。

リン酸はよく葉面から吸収されるが、液のpHが3〜4の時、最適である。この目的にリン酸一アンモニアあるいはリン酸第一ナトリウムが用いられる。

　詳しくは表をご覧いただければと思う。なお、市販の葉面散布剤は薬害が出ないよう濃度も工夫されているので、一般農家の方々は、市販の葉面散布剤を指定された濃度に薄めて使用すれば安全であるのは当然である。

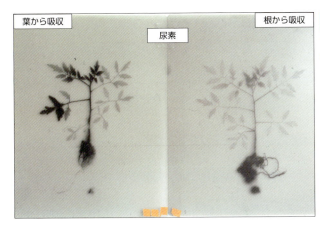

写真5

¹⁴Cで標識した尿素の実験

写真提供：渡辺和彦

写真6

¹⁴Cで標識したグルコースの葉からの転流・明所と暗所の違い

写真提供：渡辺和彦

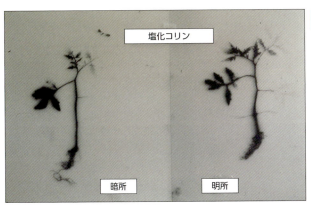

写真7

¹⁴Cで標識した塩化コリンの葉からの吸収

光の有無による差異はほとんど認められない。

写真提供：渡辺和彦

Prologue

簡単で便利な迅速養分テスト法の開発

　この項目は私が兵庫県立農林水産技術総合センター職員として、最も上司から褒められた仕事である。具体的には研究職2等級から1等級に昇級時に上司の故・日下昭二化学部長が人事課に私の功績の説明として、試薬のワンセットと分析サンプル（植物体や土壌）と試験管、蒸留水を少し持って「こんなに簡単に、植物体や土壌中の肥料元素が分析できることを実演して、渡辺和彦君が兵庫県の農業に役立つ研究開発をしてくれたと報告すれば、後はなにもなくてもパスだよ」と笑って言ってくれた。

　もちろん本技術は私が退職して20年にもなるのに、今でも後輩職員が試薬管理を継続して毎年、普及員研修でも説明されている。インターネットでも調べられるが令和5年2月、兵庫県農林水産部発行『化学肥料低減指針』には、4 土壌診断に基づく適正な施肥量の把握（3）ウ 迅速養分テスト法による測定 15ページ、（3）エ 測定結果の診断基準の21ページに詳しく記載されている。記載だけでなく毎年1回実習研修会も開催されているそうだ。分析試薬は土壌肥料担当研究員が調合し、空の容器を持って研究室に来ていただければ、配布されるそうだ。

　なお10年ほど以前になるが、神戸大学大学院農学研究科・農学部 応用機能生物学 植物栄養学、三宅親弘教授の研究室でも学生に迅速養分テスト試薬を作らせ、各種測定をさせておられた。迅速養分テスト法について、学生達に説明してほしいといわれ、講義をさせていただいたこともある。三宅先生もその簡便さに驚かれていた。兵庫県の農家は普及センターに行けば、その場で普及員が分析してくれるようだ。実に手軽にチッ素、リン酸、カリウムなどが分析できるので、兵庫県の農家も幸せと思う。

第1章
栄養素の新常識

14

迅速養分テストは
画期的な優れた技術

土でも植物体でも、**操作が簡単で**
結果がすぐわかる
栄養診断のプロ職員は
全員**知っておくべき技術**

はじめに

　第1章の最終項目を執筆するにあたり、やはり自分にとっても一番大切なことを紹介したい。栃木県の農家、菱沼軍次さんから、「渡辺さんの迅速養分テスト法は画期的な優れた技術ですよ」、「お金儲けをしたかったら、養分テストをすることだ」と言われたことを思い出した。

　昔、株式会社ハイポネックスジャパンにおられた木下博氏は、長年農家への施肥技術指導に迅速養分テスト法を活用されており、その便利さをよくご存じで、ぜひとも本法を世の中に広く普及させたいと熱心に普及準備をしてくださっていた。試薬ストックのセットを製造販売する業者がおられれば普及も簡単だろうと、分析試薬セットの販売が可能な全国レベルの著名な会社の取締役の方を私の自宅まで連れてきて紹介してくださった。わざわざ遠路、兵庫まで来られ、木下氏は私が上手に説明することを期待されていたが、そのとき私は、アンモニア態チッ素テストには、水銀の入ったネスラー液（毒物）が必要であることや、硝酸性チッ素診断には、グリース・ロミイン（GR）試薬という労働安全衛生法による特定化学物質を含み、法律上、年に1回はGR使用中の実験室の空気中濃度測定が義務づけられていることなど、注意点があることを

説明した。結果的には試薬キット製作のお話は、私のほうからお断りしてしまった。木下博氏のガッカリしたお姿を、今でも思い出す。

　私は、自分がなんて馬鹿だったのだろうかと思う。化学実験であれば、毒物管理は当然だし、労働安全衛生法もいくらか実験室の維持費がいるだけで、通常使用なら決して実験者の健康への実害はない。本法は、試験場職員、肥料会社職員、普及センター職員、農協の営農指導員などのプロ用と割り切ってしまえば、何ら弊害はない。むしろ常備しておくべき試薬セットだ。各種試薬の作成法や診断基準などは、拙著『原色野菜の要素欠乏・過剰症』（農山漁村文化協会、2002）に詳しく執筆している。

　本項の最後に紹介する栃木県のシクラメンの場合は、試験場職員というプロの多人数の方々のすさまじい努力によって現場レベルまで普遍化されたのであって、第2、第3の事例の出現を私は期待している。

写真1 ハウストマトの亜硝酸ガス障害の様子

迅速養分テスト法を開発しなければいけないと、肌で感じた出来事

　4月になると人事異動が大なり小なりある。私が兵庫県立農業試験場（現・兵庫県立農林水産技術総合センター）に勤めていた頃の話であるが、私より年上の先輩研究員Kさんが従来、露地野菜を中心に仕事をされておられたのが、4月の内部異動で新しくハウストマト中心の研究に異動された。5月も中旬を過ぎた頃、私のところに相談に来られた。ハウストマトの生育姿が変わるほど、何かの障害を受けたと言われる。そこで、ハウストマトを見に行った。ハウス内のトマト苗の多くが枯れかかっている（**写真1**）。ちょうどその少し以前に、水質検査用に硝酸や亜硝酸を簡単に呈色反応で見られるという、GR亜硝酸試薬（グリース・ロミイン亜硝酸試薬）とGR硝酸試薬を入手していた。さっそくそれを使ってみた。まずハウス内のパイプについた露滴を試験管に集め、GR亜硝酸試薬を耳かき2杯程度入れ、撹拌し、5分ほどすると赤く発色し、亜

写真2
GR亜硝酸試薬による反応

硝酸が多く検出され（**写真2**）、亜硝酸ガス障害であったことが確認できた。亜硝酸ガス発生の主要因は多肥で、硝酸が多量に土壌中で作成され、それにより土壌が酸性になり、始めはうまくいっていた硝酸化成菌のアンモニア態チッ素を硝酸態チッ素に酸化する働きが弱まり、亜硝酸のまま気化する現象だ。私には迅速養分テスト法の大切さを身をもって感じた出来事であった。

迅速養分テスト法の特徴と使用上の注意点

特徴

①操作が簡単で、結果がすぐわかり、お金がかからない。

②大半の試薬は古典的な精密比色定量分析法と同じ。

③比色計を使わず肉眼で色の濃淡を比較。

④同時に同量の植物体や土壌を目測で採取し、養分量をカラーチャートで推定できる。あるいは比濁法では、試験管の後ろに置いた新聞の字の読みやすさ程度で濃度を推定できる。

⑤植物体や土壌を正確に秤量し、測定も比色計を用いれば、定量分析も可能。

使用上の注意点

① B、Zn、Ni は、土壌の過剰障害にのみ利用。

②リン酸分析の塩化第一錫溶液は流状パラフィンによる空気との遮断が必要。大半の試薬原液は、冷蔵庫だと長期保存に耐える。

③アセトン、アルコール溶液は、密閉保存。天然ゴムスポイトは耐久性に劣るため、シリコンゴムを使用する。

④毒物、特定化学物質の取り扱いには法令遵守のこと。

栄養診断のための適切な土壌試料採取法

　正式な土壌分析法では、分析試料の土壌は太陽熱で自然乾燥し、2mmの円孔の開いたふるいを用いることと定められている。しかし、第1章9において、Mn欠乏の土壌分析では風乾細土を用いるとMn値は高い値を示し、栄養診断の指標としては使われないことを示した。風乾細土は土壌のマンガンの可溶性養分の測定には適切ではない。そこで、筆者は、図1に示すように畑の土壌そのままの生土を迅速養分テスト法の土壌養液採取法に採用している。なおここでなぜ、こうすると水対土

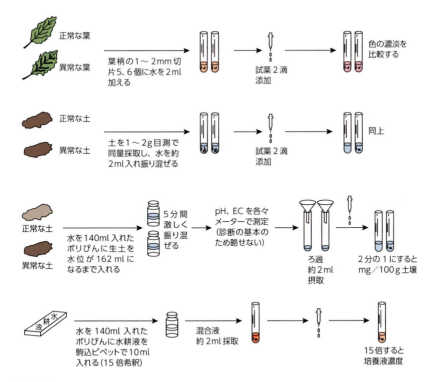

図1　迅速養分テスト法の基本操作

写真3 迅速養分テスト法のカラーチャート

壌の重量比が1：5になるかも重要である。詳細は『農業技術体系』（農山漁村文化協会）基礎編に執筆しているのでそちらを参照されたい。

　濃度判定は通常呈色反応はカラーチャート（写真3）、比濁法は試験管の後ろに置いた新聞の字の読みやすさ（写真4、5）で判定する。実際の診断事例も前述の『農業技術大系』に元素別に詳しく掲載しているので参照されたい。**表1**に得意、不得意な元素名を示す。**表2**に迅速テスト法で通常用いる試薬一覧、**表3**に万能指示薬の変色域を示す。

　万能指示薬を自分で作ってみよう。

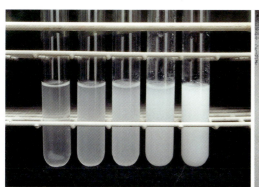

写真4　比濁法のチャートの1例

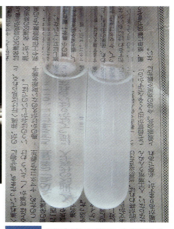

写真5　試験管の後ろの新聞の読みやすさで濃度判定

表1　得意、不得意な肥料成分

得意な肥料成分	NH_4、NO_3、NO_2、P_2O_5、K_2O、Mn、Al、Cl、SO_4
やや不得意で、工夫の必要な肥料成分	CaO（アブラナ科野菜は可能）、MgO、Fe^{++} (植物体のFeは別法で可能)
過剰でしか検出できない肥料成分	B、Zn、Ni、Fe^{+++}

表2 迅速養分テストに用いられる試薬一覧

（※印以外は、テスト液 1ml に 1 滴、約 0.05ml）

NH_4	ネスラー試薬
NO_3	グリース・ロミイン硝酸試薬（α-ナフチルアブミン 1g、スルファニル酸 1g、亜鉛 1.5g）
NO_2	グリース・ロミイン亜硝酸試薬（α-ナフチルアブミン 1g、スルファニル酸 10g、酒石酸 89g）
P_2O_5	2% モリブデン酸アンモン in 31.5% 塩酸※、5% 塩化錫 in 10% 塩酸
K_2O	5% テトラフェニルホウ酸
CaO	4% 蓚酸アンモニウム in 1% 酢酸
MgO	0.1% チタンイエロー、2.5% NaOH※
Fe^{++}	0.2% o-フェナントロリン または α,α'-ジピリジル 1g in 10% 酢酸 500ml
Fe^{+++}	0.2% o-フェナントロリン、ビタミン C※
Mn	飽和 KIO_4※、1% テトラベース in アセトン※、10% 酢酸
B	緩衝液※、4.65%EDTA※、0.6% アズメチン H in 2% ビタミン C※
Zn	緩衝液、0.13% ジンコン in メチルアルコール
Ni	1% ジメチルグリオキシム in 1% NaOH
Al	0.2% アルミノン
Cl	0.1N 硝酸銀
SO^4	3% 塩化バリウム

●取り扱い注意

ネスラー試薬：毒物、危険物

α-ナフチルアブミン：労働安全衛生法による特定化学物質

塩化第1錫、塩酸、NaOH、蓚酸アンモニウム、メチルアルコール、硝酸銀、塩化バリウム：劇物、危険物（管理された実験室内で使用のこと）

表3 万能指示薬の変色域

pH	4.2	4.6	5.0	5.4	5.8	6.0	6.2	6.6	7.0	7.4
色	赤（僅橙）	赤（橙）	橙	黄〜橙	黄（僅橙）	黄	黄（僅緑）	黄緑	緑（黄）	青

作業①　メチルレッド

　40mg+1/10N　NaOH 1.28ml+H_2O 98.72ml=100ml

作業②　ブロムチモールブルー

　80mg +1/10N NaOH 1.28ml+H_2O 98.72ml=100ml

　　　注：両試薬とも乳鉢で細かく粉砕した後、NaOHでよく溶かす。

作業③　メチルレッド（MR）：ブロムチモールブルー（BTB）＝5：6に混合で、完成。

　pH測定器がどこにでもある日本国内では気がつかなかったが、中国甘粛省農業科学院で3日間の集中講義に行ったとき、講義終了後、野外で迅速養分テスト法を実演していてpHメーターが手元にはなかったのだ。土壌診断ではpHが大切で、万能指示薬があれば便利である。テスト法は試験管に1g程度の土を目測で入れて、蒸留水を目測で2〜3ml加え、少し振り混ぜて指示薬を2滴垂らすと良い。

特別追記　作物体の微量の鉄分析法

　作物体の鉄欠乏も実際には非常に多い。畑作物は大部分が鉄不足と考えても良い。拙著『原色生理障害の診断法』（農山漁村文化協会、1986）に記載してあるが、現在販売していないので、ここに再度記載する。

　約2mmに切断した葉柄または葉身0.2gに濃塩酸1mlを加える。約15分間軽く振り混ぜながら作物体内の鉄を可溶化したのち、10mlの水を加える。そして2価鉄を3価鉄に変えるため濃硝酸2〜3滴を加え、さらに約2分後に20％のチオシアン酸アンモニウム（NH_4SCN）の水溶液約5mlを加える。鉄が多いと血赤色を、少ないと淡い褐色からピンク色に近い色を示すため、同時に正常な植物体の同部位と比較すれば鉄含有率の比較テストができる。濃硝酸や濃塩酸を使うが化学実験では当たり前の薬品である。

栃木県農試で確立されたシクラメン栽培での迅速養分テスト法

「青は藍より出でて藍より青し」のことわざがぴったりとくる筆者の迅速養分テスト法がシクラメン栽培で実用化され、1995年に全国鉢物園芸全国大会で功労賞、2001年には農業技術功労賞を受けた。すばらしいことだ。栃木県の成果の一部は農山漁村文化協会の『農業技術大系』、「関東東海農業経営研究」、「関東東海農業試験研究推進会議野菜・花き部会」などにも紹介されている。ここではそれらの内容の一部を紹介する。

(1) 土壌溶液（排出液）採取法

診断する鉢の底に底面給水用の不織布（幅1cm、長さ10cm）を差し込み、ヒモ底面給水で12時間以上給水し、飽和揚水量にする。ヒモを取り外し鉢の上部から点滴灌水（1ml/秒の点滴速度）をし、鉢底からの排水液（約20ml）を採取する。濁りがある場合はろ紙でろ過する（鉢上中の養分濃度を反映した土壌養液採取法であり、栃木県農試の方々が独自に開発された）。

(2) 樹液

シクラメンの場合は最も若い完全展開葉を基から抜き取り、葉身を取り除いた後、表面を水洗いし、拭き取る。両端の太さの異なる部分を切り捨てる。サンプルが足りない場合はさらにサンプリングする。サンプルを約2mmの厚さにスライスし、試験管に0.2gずつ入れ、2mlの蒸留水で浸出する（養分テストは植物体を入れたまま行う。これは組織中に残っている養分を引き出すためである）。

まとめ

　シクラメンの場合の要点の一つは、植えつけ前の鉢土リン酸濃度である。呈色度が3あれば良いが、それ以下では初期生育が遅くなる。チッ素も多すぎても少なくても良くない。

　二つめの要点は、花芽形成期にチッ素を切ることである。それにより、クリスマス前に花が咲き、安定した出荷が可能になったそうだ。

　多くの賞を受賞された菱沼軍次さんによると、「養分分析をすると、生産ロスがなくなるし、品質の良いシクラメンができる」、「なによりも技術の継承ができる」と言われる。

　試験場のリーダーの峰岸長利さんは、勘で実施する施肥による障害が花には敏感に現れるため、ウイルスなどの病害虫被害よりもはるかに現実の鉢花生産農家の収益不安定要因になっていることを看破されていた。栃木県農試の皆様のチームワークと知恵に学ぶところが実に多い。私も見学させていただいたが、花き担当職員が全員、毎日、迅速養分テスト法で各種実験をされていた。

第2章

篤農家見聞録

※第2章は『農耕と園藝』2022年9月号から2024年6月号まで掲載された記事に10の新規原稿を加筆・修正しています。

Prologue

第2章を読むにあたって

　本章は、誠文堂新光社発行の季刊誌『農耕と園藝』に編集長から連載記事として「収量・品質アップを狙え！ 渡辺和彦の篤農家見聞録」という題名での執筆依頼を受け、2022年秋号から執筆を始めたものである。題名に自分の名前を自分で入れるほど、私は厚かましくない。編集長から与えられたタイトルである。私も願っていたテーマでの執筆依頼で、即座に「出張旅費はいりません」と発言した。それは私自身が訪問したい農家が脳裏に数件すでにあったためであるが、取材時の助手は付けてくださった。ただ、その原稿を依頼されたとき以前にも、「バイオスティミュラント」特集記事を「栄養素の新知識」の連載中であった最中に二度も執筆させていただき、しかもそのうちの一つ「エタノールを利用したCHOの葉面散布」をより詳しく雑誌に執筆するよういわれ、2020年冬号に別途掲載させていただいた。その記事を今回第2章のトップに入れた。

　編集長にとっても、新連載記事を依頼するきっかけになった内容である。しかし、連載記事は2024年夏号、おおたに農園の大谷武久さんの回で、同誌は休刊となり中断となった。すでに取材していたが、掲載できなかったのが10番目の中田幸治さんの記事である。ほかにも（株）ジャットのイチゴ栽培指導で卓越した能力を発揮されていた同社の栽培技術参与 岩男吉昭様の記事が未完成のまま残り、まことに失礼の段、ここに社名と連絡先を記載し、お詫び申し上げます。

株式会社ジャット　〒542-0081 大阪市中央区南船場4-2-4 日本生命御堂筋ビル9F
TEL06 -6121-4300
ホームページ：https//jaht.co.jp/

第2章
篤農家見聞録

1

長浜憲孜さん　宮川多喜男さん

巨大で高品質なブドウ生産

エタノールを利用した **CHO** の
葉面散布で

肥料商店とその客（農家）の熱意による発見

　本項の主たる肥料については、『農耕と園藝』（2020年、秋号）の「バイオスティミュラント」特集記事内（56ページ）で紹介した。それは2014（平成26）年に特許取得済みの **「NCV コール」** といわれる肥料で、土壌施用にも葉面散布剤にしても用いられる、**エタノールに、植物油、ビタミン類を入れたもの**だ。

　2020（令和2）年7月23日、愛知県で食品スーパーを数店舗所有し、野菜、果物の卸経営をしておられる株式会社サンヨネの代表取締役社長の三浦和雄さんが、友人とお二人でわが家に来られた。そのとき、有限会社長浜商店（愛知県豊橋市）の肥料の話になり、すでに私が長浜商店を知っていることを話すと、「NCV コール」の仲間の肥料に今では「VFコール」といわれる葉面散布剤があるという。**エタノールにフミン酸、フルボ酸を加えた肥料**で、三浦さんによれば、これら2種を混合して使うと、効果が増強されるという。「これらの肥料でブドウやイチゴがすごく大きくなり、しかもおいしくなりますよ。ぜひ長浜商店を営む親子の父上、長浜憲孜さんにお会いになられては？ 長浜さんのような方が100人おられたら、日本の農業が変わりますよ」と言われた。

写真1 長浜商店の長浜憲孜さん

長浜さんから紹介されたブドウ農家のもとへ

　そこで、2020（令和2）年7月28日、筆者は長浜さんを訪ねた（**写真1**）。長浜さんは、「NCVコール」と「VFコール」2種を混合して使っている生産者のブドウやメロン、イチゴ、大豆、麦などの写真を種々見せて下さった。なかでも驚いたのは、もともと大きい「ナガノパープル」がさらに巨大化していたことだ。ブドウだけではない。イチゴも今までに見たことがない大きさのものだった。

　いても立ってもいられなくなった私は2020（令和2）年8月9日、長浜さんからの紹介で、長野県のブドウ栽培農家である宮川多喜男さんを訪問した。宮川さんは、約3haのブドウ畑と約0.8haのリンゴ園を家族7名、雇用2名で経営されていた。宮川さんは「太陽の光は大切で、地面にある程度届くことも大事ですよ」といい、きれいに剪定されたブドウ園にまず案内くださった（**写真2**）。出荷は9月からで、まだ2～3週間後ということであったが、大きく立派なブドウができつつあった。糖度も目の前で測定してくださり、出荷3週間前にもかかわらず、19.4度もあった（**写真3～5**）。

後継者が育つ農業経営

　宮川さんが、これらの肥料を使用した栽培を始めて10年以上になるが、生産したブドウは市場の評判も良く、収入も十分な様子であった。NTT関連会社に勤められておられた長男の敏一さんも10年前に会社勤務を辞め、果樹農家として後を継いでおられた。孫の大輝君も長野県立農業大学校を卒業後、実家で1年就農しその後、愛知県の青果市場で1年間修業を積んだ。そのときに生涯の伴侶となる綾さんと出会って実家に戻り（残念ながらコロナの関係で結婚式は延期）、家業の果樹園を手伝ってくれている。ご両親も喜んでおられた。若者たちが進んで跡を継いでくれるほど、宮川農園の果樹経営は順調に進展している。宮川さんは、これも新しい肥料を開発してくださった長浜さんのおかげだと、感謝されていた。

写真2　宮川さんのブドウ園

写真3 宮川さんの長野パープル
直径は3.91cm。2016年、撮影：長浜

写真4 宮川さんの見事なナガノパープル
右に添えた名刺と比べるとその大きさがわかる。

写真5 糖度
出荷3週間前でも糖度は19.4度。

「男のロマン」、思い切った施肥

　長浜さんによれば、宮川さんは「これは良い」と確信したら、長浜さんの言われた倍以上の回数（例として、ブドウの栽培期間中は月2回、年間約12回以上、「NCVコール」は250倍、「VFコール」は200倍希釈の混合液）、そのとき、必要な農薬と一緒に葉面散布されるそうだ。「葉面散布でブドウ果実が大きくなるとは長浜さんは一言も言わなかった」そうである。宮川さんの栽培するブドウが肥大し、糖度も高くなり、コクのある味わいになったのは、長浜さんの新しい肥料効果のせいだけではない。宮川さんは「男のロマン」と言われていたが、葉面散布も長浜さんのアドバ

写真6　「NVCコール」「VFコール」の混合液を多数回、葉面散布している栃木県の農家のイチゴ

横幅の長さは約7cm、縦幅の長さは約8cm。2020年1月15日、撮影：長浜

イスする2倍以上の回数をし、誰もまねのできないほどの肥料代（3haで約300万円）も使われ、ついに到達された頂点技術であったのだ。いくら高品質の農産物ができるとはいえ、ここまで肥料を使うことをためらう生産者は多いだろう。しかし、宮川さんはそれを実践しておられるのだ。

　葉面散布でこれらの肥料がなぜこのように効果を発揮するのかを証明した研究を筆者はまだ知らない。今後の研究が日本の農業界に革命を起こすと言ってもいいだろう。これからの研究、そしてその後の普及を強く願う。

　なお、非常に大切なことを書く。宮川さんの肥料代は3haで年間約

写真7 宮川農園一家
前列左より、宮川多喜男さん、夫人の宮川美佐子さん。後列左より孫の宮川大輝さんの夫人の綾さん、宮川大輝さん、息子の宮川敏一さん。

300万円も使われ誰もまねのできない肥料代である。ただし10年前からだが、収入（利益）は4000万円である。最近2024年栽培面積を増され収入（利益）も多くなっているそうである。

関連文献情報について

最後に今後の研究のため、葉面散布についての関連文献を教示しておきたい。

『微量要素と多量要素』山崎傳（博友社、1966）は、総論、多量要素編、微量要素編、対策編の4編に分類され、その対策編に、「肥料の葉面散布」(1)多量要素の葉面散布、(2)微量要素の葉面散布、(3)葉面散布

写真8 「NCVコール」と「VFコール」の葉面散布を5～6回行った北海道の大豆

通常1鞘に4粒程度の豆数が普通であるが、6粒、場合によっては7粒入っているのが特長。2019年7月、撮影：長浜

の濃度、と三つに分類、8ページにわたり稲、野菜、果樹での実用レベルでの施用濃度などや薬害防止法などが詳しく執筆されている。しかし、肝心のCHOの葉面散布については一切記述がない。

葉のどの部分から吸収するかは、『植物栄養学大要』熊沢喜久雄（養賢堂、1974）にエクトデスマータ[*1]からとして葉の断面図が表記されている。出典は巻末に記載され、W. Frank. Mechanism of foliar penetration of solutions, Annu. Rev. *Plant Pysiol.* 1967. 18：281-300 である。40ページもの葉面散布に関する英文総説がある。

糖類の葉面散布については、大阪大学名誉教授で理学博士でもあった故・堤繁先生が著わした『緑の錬金術』（青巧社、1983）に詳しい。堤先生は東京大学理学部化学科卒業で、生物が好きで生物専攻に入学希望だったが、両親の反対に抗しがたく化学科に入学された。しかし初志忘れがたく、その後、バラ作りに手を染め、そのキャリアは40年である。そして「葉面散布単独栽培法」を確立された。その栽培方法では、肥料＋グルコースの散布法が推奨されている。

長浜さんは、堤先生のご自宅を訪問したことがあり、また、堤先生のお弟子さんが近くに住んでおられるとのことで、堤先生の影響も少しは受けられている。なお、農業試験場レベルでも各地でグルコースの葉面散布試験をされた時代もあったが、大半は失敗している。筆者も株式会社ハイポネックスジャパンの吉田健一氏（現在は退職）にお願いして、ポットに植えた花「グロキシニア」でグルコースの散布試験をしていただいたが、濃度が少し高かったのか、老化がむしろ促進された経験を持つ。新たな研究成果が待ち遠しい。

　＊1　エクトデスマータ：葉の組織にある気孔、水孔などの器官

第2章
篤農家見聞録

2

清田政也さん

水田転作のポイント 教えます！ 省力多品目 栽培のすすめ

田んぼを畑作に転換、省力栽培にチャレンジ

　今回は株式会社ネイグル新潟の社長室室長の清田政也さんの取り組みを紹介しよう。清田さんは阿賀野市内に所有する圃場のうち、田んぼの一部を30aの畑作に転換した（**写真1**）。名づけて「田んぼで野菜を作ろうZE！プロジェクト」はスタートから7年目となる。昔に比べて直売所が多くなり、「生産して売る」という出口ができているからそこに向けてどれだけやれるか試している、という清田さん。また、農家の数は減少をたどり、水稲の新規就農者はほとんどいないものの、園芸での新規就農希望者は少なからずおり、園芸ならば需要は伸びていると感じたため参考になればとはじめたプロジェクトだ。

　ダイコン、キャベツといった主要品目だけを栽培しては面白くないと考え、少量多品目で周年栽培を実践中。**少人数で活動するため、省力、機械なし、余計な手間なし、をモットーとしている。**栽培は株式会社ネイグル新潟の若手社員に時々担当してもらい、「研修」という体裁をとっている。繁忙期の多いときで5人程が活動しているそうだ。

　まずは、清田さんが出荷している市内の農産物直売所「わくわくファーム」「百笑市場」を覗いてみた。なるほどイタリア野菜の紅菊芋や、

205

写真1 清田さんの水田転作圃場
左から取材に同行した小西安農業資材の鈴木望文さん、ネイグル新潟の清田政也さん、プロジェクトに携わっている「研修生」の渡辺大夢さんと棚橋あかねさん。水田転作圃場（図1-❷）をバックに。

写真2 直売所で販売されているオクラ
「ハニー・フレッシュ」を使ったことによりミネラルを含み、「甘くておいしい」をアピール。
珍しい野菜にはレシピなども合わせて提案するなど工夫をしている。

オクラ、ナスといった野菜を他の人とはちょっと違ったネーミングをつけて販売している（**写真2**）。さらにラベルには**甘うまミネラル栽培**などと目をひくキャッチフレーズを加えてあるのが印象的だ。目玉商品のオクラは「やわらかオクラ」と名づけ、味比べできるよう、誰もやってなかった四つの品種をミックス。普通はここまで大きいと硬くなるが、この栽培法はやわらかいのが特長だ。ほかにもナスには「ジューシー焼きなす」と食したときのイメージをかき立てるネーミングをつけて購買者にアピール。工夫を凝らした販売戦略を実行していた。

省力栽培を可能にしたポイントとは

次に、転作した圃場に案内してもらった。栽培品目は**図1**のとおりで周年栽培をしている。**ただし、真冬は育苗ハウスを利用しての少量栽培となっている。**

取材当時（2022年8月）は直売所にもあったオクラとナス、収穫が遅れたジャガイモなどが旬を迎えていた。土をかける手間が労力となるため、超浅植えのマルチ栽培をしており、マメトラ（小型農機）で耕うんするだけと清田さんは言う。ジャガイモの脇ではニンニク、ソラマメを栽培。とくにマメ類の連作はご法度と言われるが、すでに3年の連作を実現できている。土の手入れを怠らなければ連作は可能、と清田さんは言う。

「田んぼを畑にするとき、連作障害があると消毒するしかなくなるのですが、その場合、水田に戻しクリーニングをすればいい。客土はせず、排水して高く畝を作り、マルチ栽培にして通路を広く取るんです。新潟県は米どころで籾殻は余るほどあるから、通路を兼ねて籾殻を撒けば堆肥にもなるんですよ」と清田さん（**写真3**）。

写真3 畝と畝の間に敷いている籾殻

これが良い堆肥となっている。

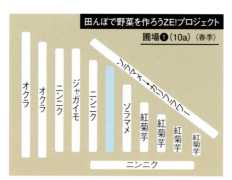

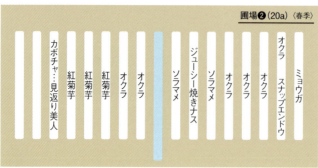

図1 清田さんの圃場簡略図

清田さんの圃場の簡略図。各品目の間には2mの間隔を空けている。青い部分は現在、保留としている部分。

そして昨今、肥料の値段高騰が話題だが、「栽培部分だけ局所施肥すれば無駄なく省力でできる」と清田さんは言う。また、「病気が発生してもこの圃場は2m間隔で栽培していて広いので、横にずらせばいいだけ」とも。圃場では密集させるとどうしても病害が増えてしまうため、畝幅に2m間隔の余裕を持たせて土地をリッチに使っているのだ（図1）。病気が発生すると農薬が必要となり、その手間で手が回らなくなることを考えると、この間隔もうなづける。さらに余計な草が生えるため、通路は作らないようにしている。すると干ばつ対策にもなるので一石二鳥なのだそうだ。清田さんは上記のポイントの他、まずは基本の土作りで土壌を肥沃に、病害耐性をつけているため、連作も実現できている。これがまさに省エネ栽培方法で、連作障害対策も兼ねているのである。

肥沃な土壌と病害耐性を強固にするための施肥には**コーティング肥料（素材で被覆した肥料）を使わないというこだわりようだ。欠かせない肥料・土壌改良材は、「ハニー・フレッシュ」、「腐植無双 極」**（以上、販売総代理店は小西安農業資材株式会社）、**「ぼかし大王®エコ」**、**「乳酸卵殻」**（以上、川合肥料株式会社）、**「HS-2®プロ」**（株式会社ケーツーコミュニケーションズ）、**「母肥力10」**、**「ハイグリーン」**（以上、エムシー・ファーティコム株式会社）など8種類（**写真5**）。**追肥も消毒も潅水もほぼしていない。これらの肥料のおかげで土壌の団粒化ができ、手入れが不要で理想的な土壌となるため省力化を実現できている。**

肥料の効力を詳細に分析してみる

前述した肥料で最も役立っているのは、土作りで使う「ハイグリーン」（**表1**、**表2**）。味の向上、耐病性、昨今の異常気象のなかでもこれがあると大丈夫と清田さん。N、P、K以外のものは「ハイグリーン」

写真4 水田があったことを物語る水栓

写真5 主に使っている肥料
「ハイグリーン」「母肥力10」「腐植無双 極」「ボカシ大王®エコ」「ハニー・フレッシュ」「HS-2®プロ」など。

で補っている。ただ、これは誰でも買えるものではない。販売当初から選ばれた販売店への流通となっているためである。化成肥料では、「母肥力10」(**表2**)。特有の微生物分解型緩効性チッ素を含むノンコートロング肥料で、チッ素成分の流亡を抑制する機能もあり、肥料成分の利用率が高いことが大きな特長だ。そして次に「腐植無双 極」(**表2**)。天然腐植酸を約62%含み、わずか2袋30kgで堆肥1t分の腐植酸を供給できるそうで保肥力、根作りに効く。発酵肥料では「ぼかし大王®エコ」。高タンパク質の飼料を与えられているうずらのふんをベースに、うずら卵、鰹節の煮かす、植物のかす、コンブかす、カニがらなどを添加し、スムーズな肥効を示すように発酵させたボカシ肥料である。チッ素成分を強化させるため、フェザーミール(食鳥の羽毛を原料とする肥料)を追加している。成分は、N：5.4%、P_2O_5：4.5%、K_2O：2.8%で、100%有機肥料だ。この三つがあれば、水稲、園芸、花もほぼうまく栽培でき

表1　ハイグリーンの元素含有率（%）

苦土	コロイド ケイ酸	硫黄	鉄	マンガン	ホウ素	銅	亜鉛	モリブデン
14	16	11	1.2	0.4	0.3	0.02	0.03	0.004

「ハイグリーン」を製造販売しているエムシー・ファーティコム株式会社の中村隆志氏によれば、「ハイグリーン」は1958年にダイヤケミカル株式会社の村田米一先生が開発。苦土と微量要素を水溶性の形で含んでおり、基肥、追肥にも利用できる。植物に吸収されるバランスを考慮して各成分が配合されており、副成分として、製造過程から発生する低分子で吸収されやすい「コロイドケイ酸」が含まれており、水稲はもちろん他の作物の高品質な生産に寄与するという。

表2　本項の主たる肥料のNPK含有率と基本施肥量

母肥力 10　水稲の場合：60kg／10a

N	P_2O_5	K_2O	緩効性 N
10	10	10	2

厳選された2種類の緩効性チッ素原料を配合した肥料。長くゆっくりとした肥効を示す。
ノンコートロング肥料（100日タイプ）。

腐植無双 極　水稲の場合：30kg／10a

原料の品質基準	有機物含量	有機物中の 腐植酸含量	CEC	pH
	72% 以上	88% 以上	240 以上	5.0 ～ 6.5

ハイグリーン　水稲の場合：40kg／10a
畑の場合の施肥量は、各肥料とも水稲の2～2.5倍は必要。

ると清田さんは言う。ただし、畑作においての施用量は、水稲作の2～2.5倍と考えておいてほしい。

　ところで、最近多くの試験で明らかになったことだが、苗作りと最後の収量アップにバイオスティミュラント（BS資材）である、化学薬品を使わない日本発、世界初のフミン酸、フルボ酸の水抽出液「HS-2®プ

ロ」（2000 ～ 5000 倍希釈液）と水和タイプの粉体ミネラル肥料「ハニー・フレッシュ」（300 ～ 500 倍希釈）との混合液を葉面散布しても良いし、潅注しても良いと筆者は考える。「HS-2®プロ」は根の発生、生長を促すだけでなく、「ハニー・フレッシュ」に含まれているミネラル元素の吸収を促進してくれる。丈夫な苗ができ、「今までの苗作りは何だったのか」とさえ思う、まさに目からウロコの BS 資材だ。苗がしっかり育ち、収穫期に散布すると収量アップは確実で、その効果に驚かれる方が多い。ただ、費用対効果を考えると、使用量が少なくて済む育苗段階での使用を最初にして、その効果を体感されたら迷いも吹き飛ぶと思う。

なお、天然有機肥料はそのままではまったく吸収されないと思われる読者も多いと思うが、第 2 章 5 でも紹介する淡路島の落合良昭さんは魚カス肥料を主として使用し、料理店の板長からすばらしくコクのある出汁がとれるタマネギという評判を得ている。

さらに大切なことなので繰り返し強調したいが、東京大学の森敏先生、西澤直子先生達はヘモグロビンのみで水稲が登熟まで完全に育てられる実証実験をされ、根部の電子顕微鏡写真で植物根は巨大分子であるヘモグロビンを吸収する能力（これを**エンドサイトーシス：細胞貪食**という）があることを 1978 年に発見し、公表されているのである。

土作りの基本を忘れずに省力でおいしい野菜を作ろう

意外に思われるかもしれないが、野菜も水稲も同じ肥料で良い。昔は水稲用肥料では収穫量が低下する秋落ちの発生で悩まされた戦後初期の時代が長くあり、硫黄を含む肥料は水稲では使用しないよう指導されていた。長年そうした時代が続き、現在では多くの水稲栽培で硫黄欠乏が散見されるようになった。水稲も硫黄施肥は必要である。第 1 章 12 に

掲載したように、2015年以前まではイネ科植物に必要なことはわかっていた。岡山大学の馬建鋒先生らのケイ酸トランスポーターの発見（2006年）などによりケイ素研究が世界各国で急激に盛んになり、稲科作物以外も高等植物には価値ある物質と定義し直され、野菜、花などにもケイ素施用が必要であることが世界的に認められたことも大きい。

　清田さんが案内してくれた産直所の生産者の売り上げ目標額は、多くが約1000万だという。ハードルは高いが、良い肥料を使えば実現可能である。清田さんは、堆肥を入れれば間違いないと言う人が多いが、それは間違いと断言する。筆者もそれに同意する。多くの皆さんが間違っているのだ。

　世間でいわれている堆肥は家畜ふんで作った堆肥を指している。チッ素、リン酸が過剰に含まれ、亜鉛、銅などの元素はリン酸や有機物に吸着・固定され、不可給化している。ホウ素はほとんど含まれていない。それに微生物活性が高くなるとマンガンも不可給態化する。すなわち堆肥はミネラル不足が欠点だから、ミネラル肥料を十二分に施用すると収量も品質も良い農産物が収穫できるのである。

第2章
篤農家見聞録

3

橋本直弘さん

腐植物質のフミン酸、フルボ酸を含む「HS-2®プロ」を使い、病気知らずと長期収穫を実現

腐植物質を使って発根促進キュウリの長期収穫を実現

　福島県須賀川市の橋本直弘さんは、父親の文男さん、妹さんの京子さんと母親の4人で米とキュウリを栽培している。江戸時代から農業を営む橋本さんのキュウリのハウスは2棟。1棟の広さはそれぞれ10aで、定植の時期が違うだけの雨除けハウス栽培だ。

腐植物質の効果をキュウリでも実感

　実は橋本さんは以前、キュウリの栽培を断念したことがあった。ひどいホモプシス根腐れ病に悩まされたこと、母親がリウマチを患い、重量のあるキュウリを運ぶのが難しくなったことがその理由で、その際、外食産業にターゲットを絞り、軽量の葉物野菜やベビーリーフの栽培に切り替えたのだ。しかし、2020年頃からはじまった新型コロナの感染拡大で外食産業が軒並み自粛営業となり、売り上げが激減。危機感を感じた橋本さんは、そこで思い切って以前に栽培していたキュウリに転換したのである。

　もともとバジルを栽培したときから「HS-2®プロ」（（株）ケーツーコミ

ュニケーションズ）の効果は実感していた。とくに根の活着には効果が高く、通常は活着に2週間、色が出てくるのには6日かかるところ、「HS-2®プロ」を使えば2日で活着し、色は2〜3日で出てくるという。そうしたことからキュウリに転換した際も迷わず定植に使ってみることにした。

　定植時のほか、**通常1000倍希釈液にする「HS-2®プロ」を葉面散布液として使用。希釈液にはフミン酸1.4ppm、フルボ酸0.5ppmが含有**する。栽培前の圃場の土壌分析値は表1に示す。表2に基肥量、表

写真1　雨除けハウス内で
後列より橋本文男さん、直弘さん、京子さん。2棟のハウスでキュウリ1380本を栽培。

3に追肥量、**表4**に農薬と「HS-2®プロ」散布実績を示す。「HS-2®プロ」を使用し始めてから農薬の使用量が3分の1程度と少なくなったそうだ。

腐植物質の働きとは

なぜフミン酸やフルボ酸を含む液体を作物に施用するとうまく根が活着するかについては、第1章11の「腐植物質、フミン酸、フルボ酸について正しく学ぶ」で詳しく説明したが、もう一度復習してみよう。

海外の研究によれば、腐植が含まれている堆肥などのフミン酸が根に入ると、オーキシンと結合し、根の細胞内に存在するATPを分解する。そのときに発生するプロトン（H^+）を細胞外に放出し細胞外を酸性にすると、細胞外にある好酸性酵素群が活性化し、細胞壁の緩みと発根、根の伸張成長を促進し、新たな根が発生するとある。**反応式で示せば、ATP → ADP ＋ Pi で**、植物体内によく効く無機リン酸が多く生じる。無堆肥施用区での無リン酸区は収量も皆無になるのだが、堆肥施用区は収量低下が軽微であることは、第1章10の「三要素試験から学ぼう」で58年間の具体的収量データとともに紹介しているとおりだ。もちろん堆肥のなかには、フミン酸、フルボ酸が生成して長年のリン無施用区でもリンが効いていた。

竹の堆肥でさらなる効果を狙う

なお、文男さんは「HS-2®プロ」を使用する以前から、竹堆肥を自作・販売しておられ、仲間の農家でも農作物の発根が増えたと言われる。竹堆肥と聞けば私などは、タケノコが多くのケイ素を含むため

表1　栽培土壌の分析結果

生科研分析センター、2022年4月28日

pH	EC	アンモニア態チッ素	硝酸態チッ素	有効態リン酸	有効態カリ	交換性石灰	交換性マグネシウム
右記：風乾砕土当り		mg/100g					
6.2	1.42	0.43	31.21	336	129	766	132

交換性マンガン	可給態鉄	可給態銅	可給態亜鉛	ホウ素
ppm				
1.2	3.8	0.55	10.3	1.8

表2　基肥量

基肥	ひと畝当たり	備考
竹パウダー	300L	肥料成分なし
硫安	450g	
過石	4kg	
貝化石	9kg	

表3　追肥量

	ひと畝当たり	回数	10a 当たり
FLO=7-11	0.8L	6	10L
ステップV	0.8L	2	10L
トーシンCa	0.8L	1	10L

表4　農薬と「HS-2®プロ」散布

	農薬	HS-2®プロ
6月27日	アドマイヤー水和剤	1000倍
7月2日	ライメイフロアブル	1000倍
7月22日	ウララ ライメイフロアブル	1000倍
8月13日	グレーシア乳剤 ペンコゼブフロアブル	1000倍
9月6日	トップジンM ペンコゼブフロアブル アドマイヤー水和剤	1000倍

(550μg/100g（出典：鈴木泰夫、食品の微量元素含有表、第一出版、1993））、その効果とも思ったが、調べてみるとケイ素はタケノコの葉に多く含まれているが、竹部分はケイ素だけでなく炭素（C）以外のあらゆる元素含有率が非常に低い（矢内純太ら、日本土壌肥料学会誌、2016）。ただ培地としては多孔質で適度の水分も含みやすく、高いC/N比で乳酸菌の増殖を進める効果があることは広く知られている。微生物の力で、微生物体内でのATP分解が多くなって無機リンを培地中に多く放出し、竹堆肥の施用で**写真3**に示すように白い根が多く出ていたことも十二分に考えられる事実である。

　また**表5**に示すように一般にはキュウリは通常9月になると収穫が終了となるが、橋本さんのキュウリは10月末まで収穫可能となっており、長期収穫が実現できている。これにも「HS-2®プロ」が大きく働いていると言えるだろう。

写真2 収穫期を迎えたキュウリ
栽培している品種は、東ハウスが「まりん（埼玉原種育成会）」、西ハウスが「クラージュ2（株式会社ときわ研究場）」。

写真3 竹堆肥を施用した培地
白い根が細かくびっしりと出ている。

日進月歩の腐植物質の研究

　腐植物質の研究は日本では最近始まったばかりだが、世界を見渡せば非常に多くの研究がなされている。ちょっとネットなどで研究論文を探せば、様々な論文を読むことができる。防除効果とキュウリの生育収量

写真4　竹堆肥
自家製の竹堆肥。

写真5　樹勢の様子
5月中旬に定植した苗が9月中旬になっても樹勢は衰えず、花も咲き続けるようになったという。

表5　はしもと農園のハウスキュウリの収量（2022）

月/日	5/16〜6/30	7/1〜7/15	7/16〜7/31	8/1〜8/15	8/16〜8/31	9/1〜9/15
東ハウス収穫量（単位：10kg）	19	148	192	156	192	163
西ハウス収穫量（単位：kg）	1173.52	1991.14	1867.78	1451.94	1558.98	1261.52

月/日	9/16〜9/30	10/1〜10/15	10/16〜10/31	合計	t
東ハウス収穫量（単位：10kg）	116	63	42	1091	10.91
西ハウス収穫量（単位：kg）	878.22	512.08	139.3	10834.48	10.83

と農薬との効果比較を実施したエジプトの実験結果を紹介する[*1]。バイオガス肥料（牛ふん堆肥をメタン発酵の嫌気下で発酵分解させ、その後、乾燥させて製造されたもの）からフルボ酸を抽出し、既報に基づき精製、フルボ酸濃度（50、75、150ppm の 3 濃度、もちろん最適濃度）を選択試験結果に基づき決定して、キュウリに施用する標準的な殺菌剤を比較として用いた。対照農薬は、うどん粉病（Sumi-8　35m³/100L）、べと病（リドミル 250g/100L）である。

　この論文の結論によれば、キュウリの生育・収量もうどんこ病、べと病とも、もちろんフルボ酸散布区が優れていた。橋本さんの結果も同じであるが、フルボ酸濃度が橋本家の使用した「HS-2₀プロ」の 1000 倍希釈液とは大きく異なる。「HS-2₀プロ」のフルボ酸はフェノール性水酸基（OH）が多く、高い生理活性能を維持しているため、薄くても効果が出ているのだ。エジプトの論文では、腐植物質の化学抽出法に濃い濃度の水酸化カリウムを使用しているため、多くのフェノール性 OH に K が結合していた。「HS-2₀プロ」は化学薬品を使わず、特許取得済みの酸化還元反応器を用いる方法でフミン酸、フルボ酸を抽出しているため、その論文と同じフルボ酸と表記しても活性力が高いことは明らかで、これは非常に重要なことのため、ここに強調しておく。

筆者による追記

　本項とはやや話題がそれるが、筆者には大事なことと思われるので触れておきたい。

　医薬品と認められるには、非常に厳密な審査過程が必要だが、化粧品の認可基準も医薬品ほどではないが厳しく、日本化粧品工業連合会（粧工連）が作成する「化粧品の成分名称リスト」に記載されたもの以外の

成分では、化粧品原料として使用することができない。この名称は大前提として、アメリカ合衆国の業界団体（PCPC）が制定する化粧品成分の国際共通名称 International Nomenclature of Cosmetic Ingredient（略称 INCI）への登録が必要となる。株式会社ケーツーコミュニケーションズが販売しているフミン酸、フルボ酸を含む「HuFuferme®」は、2019年12月に INCI（インキ）名を取得し、2020年3月には粧工連の成分名リストにも「HuFuferme®」が「（スギ・ヒノキ）幹発酵エキス」として掲載され、オリジナル原料として認定された。化粧品原料としての安全性は、眼刺激性試験、累積刺激および感作試験、24日間閉塞ヒトバッチテスト、口腔粘膜刺激性代替試験、復帰突然変異試験、細胞毒性代替試験の六つの評価を実施している。食品に対しては口腔粘膜刺激性代替試験、復帰突然変異試験、細胞毒性代替試験などにより安全性を担保している。

　農業用の「HS-2®プロ」とは異なり、「HuFuferme®」はレトルト殺菌もされていて、健康食品や化粧品の原料として販売されている。ケーツーコミュニケーションズからの情報で、同製品をイヌネコのペット用として販売されている民間業者によれば、動物の皮膚病や疾病などの治癒効果の報告もあるそうだ。海外の文献、例えば論文[2,3]では、腐植物質は植物だけでなく、家畜やペット、人間の病気を治癒する力があるという。大阪大学の吉森保教授の「長生きせざるをえない時代の生命科学講義（副題：最先端の生命科学を私たちは何も知らない）」（日経 BP、2020年12月）のように、筆者は多くの病気が治りうる日が近い将来に実現できるのではと感じていることを付記し、本項を閉じたい。

*1　Said M. Kamel. et al. Fulvic Acid: A Tool for Controlling Powdery and Downy Mildews in Cucumber Plants. *Int. J. Phytopathol.* 2014. 03(02):101–108

* 2   Simona Hriciková. et al.   Humic Substances as a Versatile Intermediary. *Life.* 2023. 13(4):858

* 3   J. Pan. et al. Induced apoptosis and necrosis by 2-methylfuranonaphthoquinone in human cervical cancer HeLa cells. *Cancer Detect Prev.* 2000. 24(3):266–274

第2章
篤農家見聞録

鈴木良浩さん

4

エタノールを含んだ肥料を使いイチゴ栽培3年で高い糖度・収量アップに成功

当初は鉢物栽培で使用していたエタノールを含んだ肥料

　篤農家をご紹介するにあたり、私は愛知県の果物・野菜スーパー「サンヨネ」の社長さん三浦和雄さんの言葉を思い浮かべた。「有限会社長浜商店の前社長・長浜憲孜さんのような指導者が日本にあと100人おられたら、日本農業はきっと大きく変わるでしょうね」。その言葉が、私の脳裏に深く突き刺さっている。

　そこで本項でも再び、長浜商店が販売する肥料を使って成果を出している生産者が参考になるだろうと考え、長浜さんに相談してみた。すると、長浜さんの先代からのお付き合いで、スズキ農園の鈴木良浩さんを紹介下さり、4月下旬に鈴木さんの圃場を訪ねることになった。

　鈴木さんは、長浜さんとお付き合いされて30年以上になるそうだ。従来は鉢花栽培中心で、アジサイ約70品種、観葉植物20〜30種類、グラス類（ススキなど7種類）、フリージア、ラベンダーなど、取り扱う品目が多いため栽培面積52aを抱えているが、ご主人はとくにアジサイ栽培に尽力しており、品種改良まで手がけている。

　アジサイには長浜商店で販売している肥料を使用しているが、それが今注目の、エタノールにビタミン類や植物油を含む「NCVコール」と、

エタノールにフミン酸、フルボ酸を含む「VFコール」である。これらコール肥料を混合して葉面散布すると、葉が丈夫で分厚く、持ちも良くなるという（**写真2**）。鈴木さんが育成された新品種の葉は、プラスチックの感触を想起させるほどの頑丈さがあり、鉢が倒れても崩れないそうだ。茎の太さも明らかに立派で、花弁も厚くて丈夫だ。また、開花が早く、水揚げも早いという。天候不順などでクタッと元気がなくなってもすぐに「シャキーン！」と復活するそうで、コール肥料は鈴木さんの心強い味方となっているようだ。肝心のコール肥料の希釈濃度や散布頻度は企業秘密だが、花き市場は狭いからだろう、筆者もそのお気持ちは大切にしたい。それに本題はイチゴである。

写真1 鈴木良浩さん、友紀子さんご夫妻
「主人は、とにかく暑くても寒くても負けない、丈夫なもの、強い品種を作りたくて、ずっといろいろな肥料を研究しているんですよ」（友紀子さん）。

写真2 コール肥料を使って栽培している鈴木さんのアジサイ
茎は太く、葉は分厚くて触れるとプラスチックのような感触の丈夫さが感じられる。

写真3 収穫期を迎えていた鈴木さんのイチゴ
品種は「紅ほっぺ」と「よつぼし」。

家庭用としてはじめたイチゴ栽培が収益を狙える品目に

イチゴは奥様の友紀子さんが始めた。子供がイチゴを食べたいと言うが、スーパーに買いに行くと1パック数百円と非常に高い。そこで、自宅の空いたビニルハウス約8a でイチゴの栽培をスタートした。初年度はコール肥料の100倍希釈液を毎月1回散布。今は作り始めて3年目になり、初年度にはあまり手応えはなかったが、前年からは散布濃度を50倍希釈に高めてみると、イチゴ果実の糖度が上がり、収益は2倍になったという。その後は希釈濃度を10倍とさらに高濃度にし、収穫が始まってから1日おき（すごい回数である）に散布している。**表1・表2**に、鈴木さん提供の栽培履歴を示す。年内は糖度20度で推移して年明けは16～18度、4月は15度前後となっている。調子が良いときは、最高22度まで記録したことがあるそうだ。

友紀子さんは言う。「3月の売り上げは170万円でコール肥料代は6万円でした。肥料代6万円と値段だけ聞くと高いかもしれないですが、売り上げが伸びて結果が出ていれば問題はないと思うんです」。さらに友紀子さんは、「長浜さんは販路も紹介してくれ、こちらの予測よりもはるかに上をいく売り上げを出してくれる。肥料代をもったいないと思う気持ちはまったくありません」

今は1パック400円で出しているが、今後はもう少し上を狙っていきたいそうだ。イチゴはとにかく追肥追肥！がポイントで、そのわけは長浜さんの指導のようだ。**図1**に解説したのでそれを参照していただきたい。

今期は前年の倍と収量も上がっており（**表3**）、始めたばかりのイチゴがこんなに成果を出すとは想像だにしていなかったそうである。前述のスーパー、サンヨネさんに出荷すると「糖度が高い」と評判を呼び、

表1　スズキ農園イチゴ栽培履歴

海力パウダー	19
魚	6
ハイエース	5
vs あかきん	4
オブラート	15kg
くず米	150kg
結成加里マグ	2
フミン有機	10
ケイ酸加里	2.5
医王石	5
GDR	10

注1：単位は明記してあるもの以外は袋。
注2：鈴木さんによると10a当たりチッ素5kg施用。
注3：GDRはゲル化デンプン。

表2　施肥概要

9月15日	定植
9月16日	定植
10月20日	コール類散布スタート1日おき
11月12日	収穫開始
12月7日	追肥 米ぬかぼかし ※株元適量施肥
	オブラート
	アルギットぼかし
	GDR
1月20日	液肥灌水 EC0.3 リーフレンド k
1月29日	液肥灌水 EC0.3 リーフレンド k
2月17日	液肥灌水 EC0.3 リーフレンド k
3月3日	液肥灌水 EC0.3 リーフレンド k
3月11日	液肥灌水 EC0.3 リーフレンド k
3月23日	液肥灌水 EC0.3 リーフレンド k

注1：収穫開始前よりコール資材散布継続。
注2：リーフレンドkは、原液NPKは528。250坪に12L使用のため、10a当たり1回にN726g施用。

表3　スズキ農園の収量前年対比

月 ＼ 品種	紅ほっぺ	よつぼし
12	81%	181%
1	50%	30%
2	125%	90%
3	264%	168%

注1：前年の株手入れ方法を変更したため、収量変化の数値が出しにくい。
注2：前年は腋芽かき不足のため側枝の収穫があったため、10〜11月は腋芽かき作業を強化。

まとめ

①糖度は最高22度。2月まで16〜18度で推移。3月から14〜16度を維持できた。

②株の仕立て技術が不充分で収量の増加は数値が出しにくかった。

③実の肥大は明らかに前年より良く、デラックスパック出荷の比率が良くなった。

④株の状態を見て液肥を与えたが、観察不充分で12月の収量が伸びなかった様子。そのため、1月に葉のサイズが小さくなってしまった。

⑤完熟収穫により、手擦れでのロスが多いため、実際の収穫量は1〜2割増しとなっている。

第2章　篤農家見聞録

4

エタノールを含んだ肥料を使い高い糖度・収量アップに成功

同社の品質の良い商品につけられるハートマークつきの「鈴木さん家の苺を使用」と書かれた「苺ジェラート」（**写真4**）も開発。友紀子さんが誇らしそうに商品を見せてくれた。

　長浜さんからは、「花よりもイチゴ栽培のほうが収益の機会が多いから、イチゴ栽培に力を入れてみてはどうか」と指導されているそうだ。今はご主人もイチゴ栽培に面白さを感じて本格的にする気になり、今後は10a程、栽培面積を増やす予定である。友紀子さんは「今でも忙しいのに、どうなるか？（笑）」と少し不安もありそうだったが、張り切っているご主人と二人で力を合わせれば大丈夫だと私は感じている。

　なお、取材の帰りに「サンヨネ」を訪れた。アイス売り場を覗くと、確かにハートマークつきの鈴木さんの「苺ジェラート」があった。改めて、若い生産者を心から応援している三浦さんの立派さ、行動力、実行力に私は頭が下がる思いがした。

　イチゴの栽培指導が得意な株式会社ジャット（大阪市中央区）の岩男吉昭さんに尋ねたところ、今や農協出荷（売り上げ金額が正確）でも、イチゴは10a当たり1000万円超えの生産者が日本各地で多く出始めているそうだ。新品種の影響が大きいが、ときにはジベレリンや冷蔵技術も組み合わせると多くの生産者がこのような売り上げが可能になるそうだ。鈴木さんも10a当たり1000万円超えを目指せ！と私からエールを送りたい。

写真4 サンヨネで開発・販売されている鈴木さんのイチゴジェラート

ハートのマークはとくにおいしくて人気商品の証。生産者に誇りを与えてくれる魔法のマークだ。

エタノール効果の今後の科学的実証に期待

最後に学問的な新発見について記載する。2022年4月27日、株式会社エヌ・ティー・エス発行の『バイオスティミュラントハンドブック』が出版された。私も前記のエタノール利用の葉面散布剤について10ページ程度執筆協力をしているのだが、同じく執筆協力者として理化学研究所の関原明チームリーダーが、エタノールは高温や乾燥などのストレス耐性を強化できるとした新発見となる学問的試験結果がデータを示す

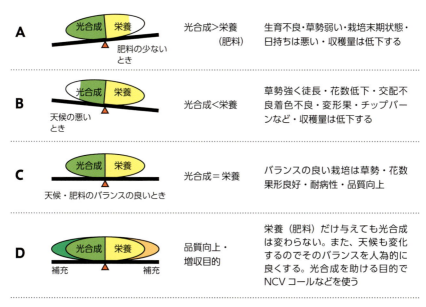

図1　エタノール肥料使用・光合成と栄養（肥料）上の注意点

資料提供：有限会社長浜商店

エタノール肥料は、肥料成分が充分量なければ、光合成も活発にできない。鈴木さんは、基肥チッ素を反当たり5kgという少量にしたため、全体に小ぶりな生育となったが、これは三要素をはじめ肥料成分が不足していたのだ。肥料が足りなくなった1月下旬以降、エタノール肥料で糖度は上がったが、生育不充分で追肥をやらざるを得なかったのである。そのことを長浜さんは鈴木さんに図で説明し、追肥施用の必要性を説いたのである。

写真とともに紹介されている。私がその引用紹介の許可をいただこうと関さんにお電話すると、私の執筆した記事も読んでおられ、逆に長浜さんや、コール肥料を使っている長野県のブドウ農家の宮川多喜男さん（第2章1）を紹介していただきたいとのことで、さっそくご両人に承諾を得てすでに連絡をしている。エタノールの効果についてはまだ実証がなされてなく、この分野の学問的研究を理研がやってくださることは、私にとって願ってもないことで、非常にありがたいと思っている。

第1章8でも述べたことがあるが、長浜商店の**コール肥料の主成分・エタノールやデンプン、植物油などが高等植物のCHO源となるという新発見は、リービッヒの無機栄養説一辺倒の教育を受けた土壌肥料専門家が驚く、歴史をひっくり返す大発見なのである。**

関さんは自分たちが発見した事実をご自分で書きたいとのことで、農耕と園藝2022年冬号と2023年春号にエタノールの乾燥耐性や高温耐性について執筆されたそうだ。ぜひ、本項の重要な関連研究成果として、そちらも一読いただければと願う。

写真4 「VFコール」と「NCVコール」

鈴木さんが愛用している長浜商店のエタノールを含んだコール肥料の「VFコール」と「NCVコール」。上の「プラスウェット」は速乾性を重視して浸透材として使用している。

第2章
篤農家見聞録

落合良昭さん

5
作物が**タンパク質をも吸収**する事実は 1975 年に**学問的裏付け**がされていた

有機肥料でタマネギを生産

　本項で紹介する兵庫県淡路島のタマネギの栽培農家、落合農園を経営されている落合良昭さんは、私が兵庫県立農業試験場（現・兵庫県立農林水産技術総合センター）での現職時代、非常勤講師として勤めていた兵庫県立農業大学校で、土壌肥料学の講義をしていた教え子の1人である。彼は筆者、渡辺和彦の一番弟子だと世間に公言し、当時「先生の講義を受け、心に響く何かを感じた」、「先生の期末試験は満点を取った」と言っていた。私の試験は決してやさしくはないのだが、満点と豪語できるのはよほどの自信の表れで、非常に立派である。

　卒業後は JA あわじ島の営農指導員として 36 歳まで活躍し、その後は父上の農業を引き継ぎ、現在に至る。卒業後も年に何度か農事相談で電話をかけてきて、各種ヒントを与え続けてきた覚えがある。

　執筆予定の篤農家の多くから、「先生が執筆されるのでしたら、まず淡路島の落合さんでしょう」と言われるほど、彼は篤農家の間でも著名である。

　淡路島で主にタマネギを生産している落合良昭さんは農家としては 5 代目。タマネギの圃場は約 1.5ha で、基本的には奥様の公美さんと二人

体制だが、収穫時期に2〜3人と、植え付け時期に4〜5人を臨時で雇っている。タマネギ以外だと、冬場にフルーツケール、フルーツキャベツ、ミニハクサイを栽培。ニンニクも少しではあるが手がけている。
「メインはタマネギで、淡路島で落合農園のタマネギを知らない人はいません（笑）。還暦は過ぎましたが、後10年は続けたい。若い頃のような体力はないですが、高い品質といぶし銀のようなタマネギを作りたいですよ。糖度が高いからおいしいという＜数字＞で売るのではなく、「また食べたい！」と思われるタマネギを作り続けたい」とご本人は言われる。

写真1　落合良昭さんと公美さん
倒伏がはじまり、まもなく収穫時期を迎えるタマネギ圃場で。手がけるのはカネコ種苗（株）のなかでも他より食味に優れる品種の他、淡路島で多く栽培されている「ターザン」なども栽培。

落合農園のタマネギはカネコ種苗株式会社（群馬県前橋市）の他の品種よりも食味に優れているが、あまり公表したくないとのことで、品種名は伏せておく。東京でかの有名な高級スーパー店にも卸しているが、その名もご本人の希望で公表はできない。本書担当の編集者が、その都内の店舗に行ってみたところ、落合さんの顔写真とコメントと合わせて＜兵庫県淡路島産落合さんのたまねぎ＞として店頭に陳列されていたそうで、同店でも特別に力を入れて販売をされているようである。同店には約10年前から毎年継続出荷しているそうだ。

島に伝わる伝統農法を知り、魚かす肥料にこだわる

　淡路島のタマネギには約150年の歴史がある。落合さんは、肥料については淡路島で「タマネギの祖」と尊敬を集めている田中萬米さんの子孫から聞いた農法を守っている。そのころは化成肥料がなく、牛ふん堆肥などを使い12cm間隔でタマネギ苗を植え、その間にニシンの身を

写真2　落合さんのタマネギ
落合さんのタマネギは三要素肥料を基本とし、ベースとなるものは有機肥料しか使わない。栽培しているカネコ種苗（株）の品種は、「落合さんが手がけると一層おいしくなる」とまで言われる。

刺し、天然のミネラルを与えて作ったのが、当時の淡路島のタマネギだそうだ。

　落合さんは田中さんの農法に倣い化成肥料は使わず、有機肥料ベースで作れば伝統的な淡路島のタマネギができると考え、魚かすを使い始めた。落合さんは言う「魚かすは高知県の魚かすを取り扱う老舗肥料店から直送で買っています。魚かすは糖度が上がると言うより、コク、旨みが出るんです。一般的な魚かすはカツオ6割、他の雑魚4割ですが、うちの魚かすは約8割をカツオが占めています。6割のものとは歴然とした効果の違いがあります。また、私たちが普段食べているソウダカツオとは違うもので、肥料に使うカツオを選んで使っているんです。これで旨みとコクが普通とは違う、おいしいタマネギができるんですよ」。

　また、落合さんが旅館の板長から聞いたところによると、その旅館で

写真3 落合さんお手製のチラシ
キャッチフレーズ「また食べたくなる玉葱」で消費者の心を掴む。魚かすなどの肥料のこだわりや、生産者おすすめの食し方も紹介。

鯛しゃぶをするためにタマネギで出汁を取るそうだが、落合さんのタマネギで出汁をとると、「ごっついコクが出る！」と驚かれたそうである。プロの料理人からもお墨付きの評価を得ているのだ。

　ここで落合さんの昔話を一つ。今でも忘れることができないそうだが、父親からタマネギ栽培を引き継いだばかりのころ、当時、販路はJAだけだったが、販路を広げようと大阪の某大手スーパーに売り込みに行った。落合さんはまだ栽培についてあまり知識もなく、化成肥料を使っていた。大手スーパーの担当者は落合さんの目の前でタマネギを割り、糖度計を持ってきて甘みを測った。すると「落合さん、糖度は9度！これなら普通や」と言われ、そこで商談は終わったそうだ。そのときの悔しさといったら表現のしようもなく、淡路島への帰路、「今に見ていろ、ぜひうちで売ってください！」と言わせてやる、と誓ったそうである。悔しさで眠れない日々が続いたと言うが、おかげで今があると落合さんは胸を張る。

約50年前から実証されていた魚かすの効果

　落合さんから魚かす肥料について伺った後、筆者にはにわかに思い出されたことがあった。そこで、魚かす肥料（有機成分）が植物根から吸収利用される、その根拠となる一つの基礎研究結果を紹介する。ここで最も大切なことは、リービッヒの無機栄養説によれば、植物は17種の無機栄養元素だけでも完全に成長することは間違いではないのだが、各種アミノ酸・核酸をはじめグルコース、各種ビタミン類も植物は吸収利用できることを筆者はラジオアイソトープ実験で知っていた。また第1章8では、エタノール、ビタミン、植物油、ゲル化デンプン（アミラーゼで分解後吸収）なども植物は吸収利用できることを示した。しかし、

こうしたことは今から半世紀近くも以前、1975年に東京大学の森敏名誉教授（当時は助手）が、日本土壌肥料学会で「植物の無機栄養説批判：(1) 植物の高分子吸収能について」のタイトルで発表されている。森先生らは、「植物が低分子の有機物を吸収することは周知の事実である。そこで、高位エネルギーレベルの従属栄養源である＜タンパク質＞を用いて実験を行った＜BSA＞牛血清アルブミンを合成し、それを水稲幼植物に吸収させてみた。すると水稲根はBSAを吸収する。10mMのATPによりこの吸収は促進されるし、Mgとの相乗効果が高い」ことを発表されている。

筆者は今頃になって森先生の初期の論文を見て驚いたのだが、落合さんがタマネギ栽培で使う魚かす肥料が植物に吸収利用される事実を、タンパク質アルブミンで少し間接的だが確認されていた、森先生の先見性

写真4 ヘモグロビンによる水耕栽培稲
写真左より、アンモニア態チッ素、1/2アンモニア態チッ素、硝酸態チッ素、1/2硝酸態チッ素、ヘモグロビン、ペプトン*での水耕栽培。有機区の培養液は毎日更新している。
*ペプトン：タンパク質を酵素や酸、アルカリなどで部分加水分解して得られるプリペプチドおよびオリゴペプチド類の混合体の総称。ペプトンに小腸からの酵素エレプシンを働かせると、直ちにアミノ酸を生じる。　出典：西澤直子ら

には心から頭が下がる。森先生はその後、リービッヒ学説の欠点を1986年まで19回（支部会含む）にわたり、発表し続けておられる。うち7回（1977年以降）は西澤直子先生との共著発表が主で、根端部の電子顕微鏡観察結果が各種入ってくる。森先生の博士論文も「植物の無機栄養説批判」だそうだ。先生方の研究を一番理解してくれたのは当時農業技術センター（後に神戸大学教授）の阿江教治さんだったそうだ。まだ若かった私は、学会には自分が発表するときだけ参加させていただく程度だったが、講演要旨は現在もネットで閲覧できる。今の私にとってはまったくもって正しいことを、半世紀も前に熱気高く述べられていたであろう森先生。正しいことを今頃になって褒め讃えるのもおかしいのだが、両先生の「リービッヒ批判論」を肥料業界職員全員、農水省も含め、日本土壌肥料学会員も真実として受け止めるべきときが来ていることを私は心より痛感している。もちろん、今までは常識と考えてきたことの大幅改定が必要で、障壁も多いと思うが、正しい知見を世間の皆様に啓蒙・普及することは非常に大切なことと筆者は強く感じている。

前ページの**写真4**は、西澤・森グループが、ヘモグロビンで稲は完全

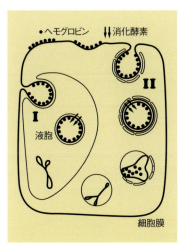

図1 稲根皮層細胞におけるヘモグロビン取り込みの模式図

ヘモグロビンは、最初、根の細胞の表面に付着する（図の上側）。すると、その部分がへこみ、液胞となってIIのように細胞内に取り込まれ、ヘモグロビンを消化分解する。その分解物が地上部に転流し、植物の栄養分となる。電顕上はIIの下のように途中経過が観察されるものもあるが、Iのように途中経過の認められない像もある。

出典：西澤直子

な生育ができることを水稲のポット栽培で示され、学会で初公開された写真である。ちょうど私も学会に出席させていただいていて、当日は大切な発表を西澤先生がなされるとの噂でもちきりの上、定員100人程の会場は立ち席までもがぎっしりで、参加者全員が緊張した気持ちで大発見を拝聴させていただいていた雰囲気を今でも覚えている。

　図1は根端細胞の断面だが、ヘモグロビンを根の表面細胞が取り込み、根内に入れ、それを消化している。**写真5**は ^3H でラベルしたヘモグロビンの根での写真で、明らかにヘモグロビンが根に取り込まれている証拠写真でもある。

　以前、静岡県焼津市の肥料卸業の丸石株式会社の大石秀和社長に、同社主催の講演会にお伺いした折、講演前に魚かす肥料工場を見学させていただいた。静岡では高級茶の収穫前には魚の血液を肥料として施用されているとのこと。今では魚の血液は汚泥肥料の範疇に入るのだが、その高価な肥料を使うと高級茶ならではの風味が出るそうだと教えていただいた。そのことを森先生たちはすでにご存じであった。魚かすは独特の臭いがあるため、ヘモグロビンでの水耕栽培を実施されていた当時の学生さんの苦労も大変であったと思うが、これらの業績は1992年「栄養ストレスと植物根の超微細構造に関する研究」の題名で日本土壌肥料学会賞を授与されてい

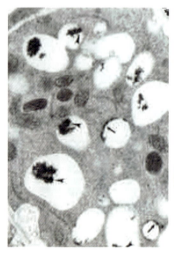

写真5 皮層細胞のオートラジオグラフ
通常育てているヘモグロビン濃度より吸収させた ^3H ヘモグロビン濃度が高いため、粒子状物質は多い。倍率は19,040倍。確かにヘモグロビンが取り込まれた証拠写真である。　出典：西澤直子

る。西澤直子・森敏両先生の共同研究で、現実の植物は、先生方が発見された「エンドサイトーシス（細胞貧食）」能力があることも、非常に貴重な知見である。

　第1章11でも触れたが、数年前に「HS-2®プロ」出会ってからというもの、その可能性には大いに着目していた。有機JAS適合資材であるという点も大きい。落合さんは長浜商店の長浜憲孔さんのご指導も受けられており、勉強熱心な落合さんのことだから、「VFコール」を通してフミン酸、フルボ酸についての知識を持ち合わせておられたはずだ。「HS-2®プロ」を紹介するのにこれほどの適任者はおられないだろう。その予感は的中した。落合さんは「HS-2®プロ」を使いこなし、これまで以上に美味しいタマネギを作られているそうだ。ケーツーコミュニケーションズの小嶋社長は落合農園にも出向かれ、「HS-2®プロ」を施用している畑も見学されたそうだ。この様子は第3章の終わりで触れられているので、こちらもぜひ楽しみにしてもらえたらと思う。

写真6　「HS-2®プロ」

第2章
篤農家見聞録

6

飯塚正也さん

多量要素 (Mg、S) を含む肥料を使い、安定した糖度のスイカを栽培

良い肥料・資材を有効活用し、1億円超えを目指せる農業を！

　筆者の以前の農耕と園藝「栄養素の新常識」（2019年冬号）では、国際植物栄養協会が2015年にケイ素はすべての高等植物に対して「価値ある物質」と認めたことを紹介した。すると、小西安農業資材株式会社の鈴木望文さんが連絡を下さった。鈴木さんによれば、株式会社ネイグル新潟の清田政也さんらが営農指導をしている新潟県の生産者では、多量要素であるマグネシウムや硫黄を多く含む肥料「ハニー・フレッシュ」（**表1A**）（小西安農業資材㈱）を使うことで、稲はもちろんのこと、長ネギ、アスパラガス、エダマメ、キュウリ、スイカなどで野菜の品質向上や多収につながっているという。そこで今回は清田さんの紹介で、新潟県南魚沼市のスイカ栽培農家として現地ではリーダー的存在の飯塚正也さんを訪ねた。

表1A 葉面散布剤：ハニー・フレッシュの成分（%）

苦土	コロイドケイ酸	硫黄	鉄	マンガン	ホウ素	銅	亜鉛	モリブデン
14	13	12	1.2	0.4	0.3	0.02	0.03	0.004

製造・販売元：小西安農業資材株式会社

「ハニー・フレッシュ」は他に替えがたい存在

　飯塚さんは就農 30 数年になる。スイカの圃場は南魚沼市八色原にあるが、ご祖父は同じ南魚沼市の塩沢で製材業を営んでいたが、戦後、満州から帰国してみると現地はひどい食糧難となっていたため、あるとき、スイカを栽培してみたところ、思いもかけず優品ができたことから農業を始めるため現地を開墾したという。

　現在、飯塚さんご夫婦、飯塚さんの母、弟さんご夫婦、通年従業員1人で栽培に取り組む。スイカの他にも水稲、ニンジン、ジャガイモ、ウ

写真1 飯塚正也さんと奥様の里子さん
飯塚正也さんと、収穫期などの繁忙期はもちろん、事務方としても強力な助っ人である奥様の里子さん。収穫期を迎えた「夏のぜいたく」を間に挟んで。

ド、アスパラガスなどを栽培している。

　スイカ圃場の広さは7.5ha（大玉2.5ha、小玉5ha）。「ハニー・フレッシュ」は苦土、コロイドケイ酸、硫黄を多く含み、各種微量要素も含まれている。「ハニー・フレッシュを使いはじめたのは数年前ですね。清田さんにスイカの苦土欠乏対策を求めたところ、勧められたからです。潅注でも葉面散布でも使えるため、使い勝手が良いので他には替えがたいものがあります。単価もお手頃です」という。

写真2 「ハニー・フレッシュ」
使い勝手がよく、お値段もお手頃。飯塚さんの心強い味方。肥大期の潅注で少し入れるのがコツ。葉、つるも元気になるという。

　前年のスイカの生育は、大玉は大きく育ち、小玉の方は前半の小雨の影響で小さかったという。交配はミツバチに頼らず人手で行うというこだわりようで、株当たり小玉で8〜10個、大玉では4〜6個を理想としている。

写真3 小玉スイカ「ピノ・ガール™」
炭疽病に耐性があり、やわらかい肉質でお客さんからも人気が高い。それほど手をかけなくても糖度が上がりやすいそうだ。

写真4 出荷を待つ大玉スイカ
大きいものは30cm前後となるものも。

主に手がけているスイカは、小玉は「ひとりじめ7-EX」、「ひとりじめNEO」（以上、株式会社荻原農場）、「ピノ・ガール™」（株式会社ナント種苗）。大玉は「富士光TR」、「夏のぜいたく」（以上、株式会社荻原農場）。「ピノ・ガール™」は食べても大丈夫なほど種子が小さく、皮のギリギリまでおいしく食べられることからお客様の評判も上々だそうだ。また、飯塚さんによれば「ピノ・ガール™」はスイカ生産者を悩ませる炭疽病の耐性が高く、病害に強いのも魅力だという。

安定した糖度のスイカを栽培目指すは総売上1億円

もともと安定して糖度の高いスイカを生産していたが、はっきりとしたデータはないもののと前置きした上で、飯塚さんは「ハニー・フレッシュ」を使い始めてから手がけている品種でどれも平均的に糖度が上がってきたように感じるという。以前はあった品種間の大きな差がなくなってきたというのだ。なお、小玉の方が高糖度になる傾向にあるという。

「ハニー・フレッシュ」の施用時期は、生育前半では潅注のみ、梅雨時期になる後半は葉面散布を1〜2回。飯塚さんによれば、「ハニー・フレッシュ」の効果として糖度の向上のほか、つる持ち、葉の立ち方が良い、下葉の枯れ上がりが少ない、葉色が上がるなどが挙げられるそうだ。

新潟県農業普及指導センターの展示圃場の試験結果の一部を**表2**に示す。これによれば、甘み、シャリ感あり、歯触りが良いとの総合評価を得ている。この地域でのスイカ栽培ではリーダー的存在の飯塚さんが「ハニー・フレッシュ」を使い始め、周囲の栽培仲間にも情報共有をしているため、地域では「ハニー・フレッシュ」の使用がずいぶん広がり、地域全体の品質向上につながっているそうだ。

飯塚さんは、「スイカの収益は、売上目標としては大玉で85万円以上は目指したい。小玉なら80万円でプラスαがあればいい」と言う。「ニンジン、ジャガイモなど他の品目も含めた総面積21.5haで年間総売り上げ目標1億2500万を目指したい」と全国の生産者を勇気づける心強い決意を語ってくれた。

表2 新潟県農業普及指導センターによるハニー・フレッシュ展示圃場試験結果（平成28年）

試験農家：市橋喜伸様　新潟市西浦区松野尾

圃場条件：面積10a、土性 砂土、pH6.5、EC 0.0、排水 良、 地下水位 低

品種：ひとりじめBonBon（台木：かちどき2号）

播種：4月12日　定植：6月2日

栽培密度：畝幅330cm、5本仕立て、株間80cm、栽植本数379株／10a

整枝方法：子づる5本整枝4果収穫　交配日：6月23〜7月4日（手交配とハチ）

施肥：基肥　N：3.2kg／10a、P：7.2kg／10a、K：3.2kg／10a

　　：追肥　N：5.0kg／10a、P：5.4kg／10a、K：4.8kg／10a

　　：葉面散布　6月25日、7月2日　300倍液　200ℓ／10a

（1）収穫株調査（15株調査）

展示区			慣行区		
つる長（cm）	着果節位（節）	葉色（Spad値）	つる長（cm）	着果節位（節）	葉色（Spad値）
165.7	23.3	35.7	162.3	26.0	36.0

（2）果実調査（15株調査、1果重・Brix割合は5個調査）

	1果重（kg）	糖度（Brix割合）			品位（％）			形量割合（％）				
		中心	種部	皮部	秀	優	良	2玉	3玉	4玉	5玉	6玉
展示	2.73	12.2	11.8	10.3	90	10	0	17	30	23	23	7
慣行	2.50	12.5	12.0	10.4	80	20	0	3	17	23	33	23

（3）食味調査結果（60名：男性：36名、女性24名）

展示がおいしい	同じ	慣行がおいしい
60%	28%	12%

展示区と慣行区の違い（意見より抜粋）

展示：甘みがあり、シャリ感がある。歯触りが良いなど。

慣行：甘いが、パサパサしている。あっさりした味など。

「ハニー・フレッシュ」と使って相乗効果となる資材の発見

　ここで「ハニー・フレッシュ」にも含有されているケイ素について触れておきたい。ケイ素の農作物への効果は、葉の部分的ガラス質化による光合成力維持・拡大だ。蒸散能の促進によるクーラー効果による高温障害の低減も挙げられる。抵抗性誘導機能による病害虫被害の軽減効果もあり、また人間においてはケイ素を含む食べ物を食した上、かかと落としなどの運動を行った人の長寿ホルモン、骨ホルモンの2種がともに活性化し、健康寿命を長くすることがすでに解明されている。

　なお、最近さらに明らかになっているのが、「ハニー・フレッシュ」と、世界初水抽出の天然フミン酸とフルボ酸を含む「HS-2®*」（株式会社ケーツーコミュニケーションズ）との相性が良いことである。本書の第1章11で新潟県での稲の実験結果を紹介した。混合散布ではなく、別々に散布しても良い。飯塚さんのスイカ圃場でも試験をお願いしていたが、この年は大雨の影響で割れが多く発生し、同圃場でのデータがないのは残念である。

　新潟県での主要作物である水稲では、大規模農地では水稲直播き栽培がやや増加しているが、登熟（実入り）が悪いなどの欠点がある。そこで、その対策に**図1**に示すようにドローンによる「HS-2®」の散布が普及し始めた。「HS-2®」は、個々のミネラルの吸収力を高め生育を良くするだけでなく、「HS-2®」の持つ抗酸化力が作物の高温耐性を高めることも明らかになっている。

　＊「HS-2®」は抽出方法等を見直し、現在は「HS-2® プロ」として販売。

- 品種：コシヒカリBL（直播）
- 散布日：8月17日
- 試験区は「HS-2®」を
100ml×8倍希釈／10aを施肥
※他の基施、穂肥などは同一のものを使用。

	登熟歩合 (%)	千粒重 (g)	10a収穫 (kg)	指数 (%)
試験区	82.7	22.2	443	106
対照区	81.5	21.0	418	100

無使用　　「HS-2®」
　　　　　使用

※2022年の米価コシヒカリ1万2,778円／俵、肥料価格（下記参考価格）

 −

売り上げ差額
5,324円／反

HS-2プロ100mℓのコスト
2,000円／10a

増益

3,324円／反の経済効果!! (税別)

図1　ドローンによるHS-2®散布による登熟（実入り）アップ試験

出典：(株)ネイグル新潟のパンフレットより

第2章
篤農家見聞録

陸野貢さん

7

三要素のひとつ、リン酸の葉面散布により、「なり疲れ」、病気知らずで安定収量

リン酸の葉面散布でナスを安定生産！

2023年6月上旬、「高知土壌医の会」（会長・山崎浩司氏）から講演依頼を受け、久しぶりに高知県へ訪問する機会を持つことができた。そこで数年前から筆者が懇意にさせていただいている（株）古田産業（高知市）の古田信廣社長に篤農家の紹介を依頼したところ、葉面散布技術を取り入れてナスを栽培されている陸野貢さんをご紹介いただけることになった。

まずは陸野さんの栽培の特徴（**図1**）と、土壌分析結果（**表1**）および施肥設計（**表2**）をご覧いただこう。

1. **場所**：高知県安芸郡
2. **経営面積**：1997年より25年間ハウス促成ナス（40a）を栽培
3. **売り上げ目標**：10a当たり20t収穫で500万円以上
4. **栽培の特徴**：
   - 土壌分析値を参考に施肥設計を立て、栽培中も月1回のEC測定に基づき施肥管理。
   - 3〜4回／月、葉面散布剤「キングハーベスト」（（株）古田産業）施用による、リン酸と微量要素の補給が栽培管理上のポイント。
   - 2019年からバイオスティミュラント資材「ぐんぐん伸びる根」（アサヒグループホールディングス（株）研究開発・特許）を液肥に混合して施用することで安定生育、病気も減少。
   - ナスの顔色（樹勢）、天候・温度などの自然条件を見ながら大胆な肥培管理を実施。

図1 陸野さんの栽培の特徴

陸野さんは、ビニルハウスによる促成栽培ナスをはじめて四半世紀以上になる。古田社長とは 2000 年くらいからのお付き合いだそうだ。最初は「ナスの葉を販売できたら良いのに」と古田社長から言われたほど、大きく立派な葉の樹勢のナス（栄養成長型）を栽培されていた（リン酸が

| 表1 | 陸野さんの土壌分析結果 |

作物名：ハウス冬春ナス

資料提供：(株) 古田産業

項目	令和5年4月10日		令和4年4月6日		令和2年4月10日		施肥前適正値
pH（1：2）	6.8	適	6.7	適	6.7	適	6.0〜6.5
EC（1：5）	2.21		0.62		0.35		
土性	壌土		壌土		壌土		
塩基置換容量（CEC）meq	30.2		29.9		28.5		
リン酸（mg/100g）	722	多	700	多	731	多	100mg前後
石灰（mg/100g）	640	適	597	適	580	適	650mg前後
マグネシウム（mg/100g）	172	多	151	適	112	適	150mg前後
カリ（mg/100g）	140	適	52	少	56	少	140mg前後

分析値（石灰・マグネシウム・カリ）の適正値は塩基置換容量から算出しているため圃場によって異なる。

[]は注意すべき点。

| 表2 | 陸野さんの施肥設計 |

資材名	袋数	チッ素	リン酸	カリ	内容の説明
ネニソイル	20				有機微生物資材
ユーキ鉄ケイカル	15				石灰・マグネシウム・酸化鉄の補給、酸性の中和
マリンエース					石灰の補給、酸性の中和（有機石灰）
粒状エコマグ					マグネシウム肥料
ゼオライト(粒状)Z-13	10				保肥力増強粘土系土作り資材
粒状ようりん			0		リン酸質肥料
園芸王国V0号	20	28	0	16	無リン酸有機配合肥料
粒状ヤッシィ・カリ					粒状有機カリウム肥料
合計		28	0	16	

注1：成分と袋数10a当たり。[]は必ず施用。
注2：土壌微生物のバランスを良好に保つために「ネニソイル」の施用を勧める。
注3：pHが高めなのでマグネシウム、石灰の施用は一作休む。
注4：リン酸が多いため、無リン酸の「園芸王国V0号7-0-4」を基肥に施用すること。
注5：葉面散布剤「ぐんぐん伸びる根」の効果を増すため「ユーキ鉄ケイカル」を施用すること。

写真1 高知県安芸郡でナス栽培を手がける陸野貢さん
伝統農法と最新技術の合わせ技で安定生産を実現。

樹体に不足し、チッ素過多で葉が大きくなっていたのだ）。やがて古田社長のアドバイスで、葉の大きさは小ぶりで肉厚、葉が立った受光体勢に有利な樹勢（生殖成長型）となり、現在は図のとおり、10a当たり500万円以上の売り上げを誇る。

こまめな土壌分析の重要性

　言うまでもないことであるが、（株）古田産業では、必ず栽培前に土壌分析を行っている。高知県の施設野菜の連作土壌はリン酸が集積し、トルオーグリン酸で500mg以上の圃場が多いそうで、陸野さんの圃場もリン酸がかなり蓄積していた。リン酸過剰は鉄、亜鉛欠乏の原因になると言われているが、従来、高知県の栽培現場ではあまり問題視されず、最近までリン酸減肥は行われてこなかったそうだ。
　ところが昨今の肥料高騰問題もあり、前年よりリン酸減肥に取り組み、基肥のリン酸を省いた「園芸王国V」（チッ素7%・リン酸0%・カリ4%）を施用している。そして追肥の液肥もリン酸を減らし、かつ冬場の低温

対策のため、硝酸態チッ素の割合を高めたV型液肥の「稲妻8-3-4」、「スーパードリップ10-3-4」を施用している。

　古田社長によると、通常リン酸集積土壌では、トルオーグリン酸の数値の約10％程度が水溶性リン酸の数値として出てくるそうだ。すなわち、作物に吸収されやすいリン酸だ。それでは、かつての陸野さんの樹勢のようなリン酸不足はなぜ起こるのか？古田社長は、月に一度の圃場巡回の時に必ずECを計測し、土壌サンプルを採取しながら根の状態の観察を欠かさない。**写真2**のような細かな細根（この写真はキュウリの根の部分）ができていれば、やがて一気に芽吹きが良くなり、必ずしっかりとした蕾がついてくるそうである。

写真2 理想的な細根の様子
写真の根はキュウリの細根。
画像提供：(株)古田産業

写真3 リン酸を充分に吸収した充実した花(左)とリン酸不足の弱い花(右)
画像提供：(株)古田産業

当然であるがここから咲く花は、**写真3**のように子房がしっかりとした、稔性の高い、太い柱頭の出た「強い花（長花柱花）」となる。着果後もへた伸び（がくの下の部分にできる白い伸びしろ）の良いナス（**写真4**）となり、収穫時は肩の張った艶のある良品の果型になる（**写真5**）。

　また、リン酸がしっかりと吸収されているときのナスの葉は、小さめで肉厚、葉脈にとげが強く出てくる。そして葉色は濃い緑となり、葉辺は波打った形になる（**写真6**）。

写真4　リン酸を充分に吸収しているときの果型（左）とリン酸不足のときの果型（右）
画像提供：（株）古田産業

写真5　リン酸を充分に吸収しているときの収穫物（左）とリン酸不足のときの収穫物（右）
画像提供：（株）古田産業

写真6 リン酸不足状態の葉（左）とリン酸吸収が充分な状態の葉（右）
画像提供：（株）古田産業

リン酸の葉面散布でなり疲れを解消

　高知県の抑制栽培ナスは8月に定植して翌年6月末までの10ヵ月間にもわたる長期栽培だ。古田社長によると、この間、細根は出たり消えたりを繰り返すと言う。細根が消えると植物体内のリン酸や石灰、マグネシウムなどのミネラルの貯金を使いながら、頑張って子孫を残すために花芽を作るが、使い果たすと次に細根が再生するまで、お休みの期間になる。この期間が、いわゆる「なり疲れ」現象だ。有名なドイツの有機化学者であるリービッヒが「最小養分の法則（ドベネックの桶）」で言及しているように「生物の生長はその生物が利用できる必須栄養素のうち最小の物に依存」している。長期栽培作物で施設栽培の果菜類のように栄養成長と生殖成長が同時進行する作物では、まさにリン酸が足かせになって生育を阻害しているケースが多いわけだ。古来、篤農家と呼ばれる人の多くは、この「なり疲れの谷間」から、いち早く回復させる技術を身につけている。陸野さんの場合は（株）古田産業の「キングハーベスト」（表3）というリン酸を中心とした葉面散布肥料を10日おきに施用することで「なり疲れ」の谷を浅く、また間隔を短くしている。

葉面散布肥料の「キングハーベスト」は、株式会社古田産業の古田社長がナス栽培の名人とともに作り上げた葉面散布肥料だ。リン酸、カリ、各種微量要素を含んだ粉状液肥（「キングハーベストA」）と、微生物の純粋培養液にチッ素成分を配合した液肥（「キングハーベストB」）を混用し、300〜500倍で使用する。古田社長によれば、「化学農法と民間農法の融合ですね」とのこと。バイオスティミュラントと言えば、ナス名人の陸野さんは「キングハーベスト」以外にも「ぐんぐん伸びる根」（アサヒグループホールディングス株式会社研究開発・特許）という資材も定期的に液肥に混用して好成績を挙げている。ナスの樹が若々しく保たれ、す

表3 バイオ葉面散布システム「キングハーベスト」の保証成分（%）

キングハーベストA	
水溶性リン酸	30.0
水溶性カリ	18.0
水溶性マグネシウム	3.0
水溶性ホウ素	0.5
鉄（含有成分）	0.06
亜鉛（含有成分）	0.04
銅（含有成分）	0.04
モリブデン（含有成分）	0.08

キングハーベストB	
チッ素全量	6.0
水溶性リン酸	1.0
水溶性カリ	1.0

キングハーベストの特徴

①チッ素、リン酸、カリ、マグネシウムを中心に、作物の生育上不可欠な微量要素が吸収されやすいように含まれている。
②とくに下記のような状態に有効。
　・なり疲れ
　・作物にチッ素が過剰に停滞しているとき
　・軟弱に生育しているとき
　・充実した花を咲かせたいとき
　・芽を吹かせたいとき
　・果実や実を結実させたいとき
　・作物の生育や実の回転を速めたいとき
　・品質向上
　・老化した樹の若返り

すかび病などの病気も少ないとのことだ。

緻密な観察とダイナミックな農法の合わせ技に感心

　今回お伺いして驚いたことは、ナスの顔色（樹勢）、天候・温度などの自然条件を見ながら、EC は 0.5 〜 1.0（1：5）を維持し、少なければ前述の硝酸性チッ素の比率が高い「稲妻 8-3-4」やスーパードリップ10-3-4」をかなりの量で施用。なり疲れなどで調子を崩し、ナスの吸収が悪いときは、水のみでしばらく様子を見るという、大胆な肥培管理を行っておられたことであった。

　またリン酸の葉面散布が現在も実際の栽培現場で実施されていたことは、筆者とって大きな驚きであった。古くは兵庫県の試験場でもリン酸の葉面散布試験はされていたとは聞いていたが、実際の生産者の現場での実施は今まで聞いたことがなかったからである。

　植物体内でリン酸はとくに ATP になってエネルギー源となり、作物に力を与える。筆者は、葉から吸収されたリン酸についてラジオアイソトープを用いた実験で確認しているが、葉面から非常に良く吸収されていた。一般的に土壌に施用すると、根に到着するまでに土壌中に大量にあるアルミニウムや鉄など、種々のリン酸吸収転流阻害物質により固定され不可吸態になるが、葉面散布はそうした障害のない状態なので、非常に効率の良い肥料施用法なのだ。古田社長によると、最近はかなり少なくなったが、葉面散布による施肥法は高知県の果菜類の施設栽培では昔から行われていたそうだ。

　最新技術も上手に活用しながら伝統的な技術も継承する。まさに現場の作物生育の緻密な観察から生まれた栽培法を実際に見ることができた今回は貴重な取材となった。

第2章
篤農家見聞録

寺田卓史さん

エタノール肥料を使って糖度の高い高品質の野菜を生産

8

　私が心から尊敬している、東京大学森敏名誉教授が「リービッヒ批判」との演題で1986年まで連続19回にわたり、日本土壌肥料学会（支部会を含む）で長年講演を続けておられたが、今回はまさにその一つで、植物がエタノールを有効利用している現場事例を紹介しよう。

エタノール肥料で甘いセロリを栽培

　愛知県田原市の寺田卓史さんは、祖父の代から続く圃場を両親と夫人の家族4人で経営している。就農して20数年目になる寺田さんが手がける品目は、夏作はスイートコーン、ジャガイモ、オクラ、シシトウなど。冬作はキャベツ、ダイコン、セロリ、ブロッコリーなど。取材時期

表1　寺田圃場土壌分析結果

分析項目	アンモニア態チッ素	硝酸態チッ素	トルオグ法リン酸	カリ	石灰	苦土	CEC	pH	EC-
単位	風乾砕土100g当たりのmg数						cmol / kg	pH (H$_2$O)	mS / cm
分析結果	0.3	0.6	406	36	389	48	13	7.05	0.09
水抽出	0.5	0.1	12	10	21	11			
診断結果	低い	低い	過剰	やや高い	やや高い	やや高い	標準	やや高い	やや低い

の11月下旬はこれら冬作野菜の収穫を間近に控えていた。

　参考までに寺田さんの圃場の土壌分析値を**表1**に示す。

　キャベツの栽培品種は「ハニーキャベツ」（(有)石井育種場）。エタノール肥料の「VFコール」（(有)長浜商店）などを使って高糖度を出しやすい品種と言う。キャベツの栽培面積は200a。そしてセロリの栽培品種は「トップセラー」（タキイ種苗(株)）。一般的なグリーンセロリだが、他の生産者と差を出しやすい品種だと言う。セロリの栽培面積は15aである。

写真1 微量要素やミネラルの勉強に日々励む努力家・寺田卓史さん
「うちの圃場ではほとんど病害が出ないから、病害虫名をあまり知らないくらいです（笑）」
撮影：長浜義典

表2 セロリ栽培記録（10aあたり。キャベツ、ダイコンは省略）

播種日	6月22日		
定植日	9月9日		
基肥	9月8日	オブラート	30kg
		ロングカルシウム	60kg
		ビタン	60kg
		FTE	2kg
		セロリワンタッチ	40kg
追肥	10月5日	Dr.エナジー	80kg

各主肥料の特長は以下のとおり。
ロングカルシウム：肥効が穏やかでかつ効きの良い
Ca肥料
ビタン：土壌混和用ビタミン資材
FTE：熔成微量要素複合肥料
セロリワンタッチ：セロリ用ワンタッチ肥料
Dr.エナジー：微量要素入り化成肥料

表4 セロリとキャベツの基本データ（前年実績）

セロリ	10a：約 4,000 本
	単価：200 ～ 350 円
	収穫全量：約 4t ※予定は 6t だったが、ドリフト被害により出荷停止。
	糖度：11 度
キャベツ	10a：約 6,400 個
	単価：150 円
	収穫全量：約 6t
	糖度：11 ～ 15 度

表3 エタノール資材葉面散布状況（11月12日まで。10aあたり）

9月10日	VF コール	500 倍
	NCV コール	500 倍
	サンレッド	1,500 倍
	サクカル	1,500 倍
	リーフK	500 倍
	プラスウエット	2,000 倍
9月16日	同上 6 種混合液	
9月28日	光合成細菌	10L
	馬ふん堆肥上澄み液	5L
10月2日	VF コール	250 倍
	NCV コール	250 倍
	サンレッド	1,500 倍
	サクカル	1,500 倍
	リーフK	500 倍
	プラスウエット	2,000 倍
10月6日	同上 6 種混合液	
10月16日	クエン酸	1kg
	VF コール	500 倍
	NCV コール	500 倍
	リーフB	1,000 倍
	プラスウエット	2,000 倍
	TCR	1,000 倍
10月29日	VF コール	250 倍
	NCV コール	250 倍
	サンレッド	1,500 倍
	サクカル	1,500 倍
	リーフK	1,000 倍
	プラスウエット	2,000 倍
11月12日	VF コール	500 倍
	NCV コール	500 倍
	サンレッド	1,500 倍
	サクカル	1,500 倍
	リーフB	1,000 倍
	プラスウエット	2,000 倍
	TCR	1,000 倍

各主肥料の特徴は以下のとおり。
VF コール：フミン酸、フルボ酸を含むエタノール資材
NCV コール：植物油も含むエタノール資材
サンレッド：総合微量要素葉面散布剤
サクカル：カルシウム葉面散布剤
リーフK：魚エキス入り有機液体肥料有機チッソ10%
プラストウエット：微量要素葉面散布剤
リーフB：アミノ酸液
TCR：植物活性液
注：キャベツ、ダイコンとも圃場は連続して同日施用

表2に一例としてセロリの栽培記録を示す（他の品目は略）。そして、表3にセロリのエタノール資材の葉面散布状況を示す。いずれも葉は健康で、圃場では葉の緑色が美しく光って見える（**写真1**、**写真2**）。

寺田さんはセロリの栽培をはじめて15年程。セロリでは珍しく「甘いセロリ」を目指しており、今は11度が限界だが、いずれ13度の糖度を出したいと日々励んでいる。「オブラートとエタノール肥料（いずれも長浜商店）を使えば甘くなるとわかっているので、基肥から糖度をのせにいきます。セロリは単価が高いから勝負しやすい品目」と寺田さんは言う。その栽培記録を見てみると、エタノール肥料とオブラート（10a当たり30kg）を使っているのがわかる（**表2**、**表3**）。前年度の実績は**表4**に示す。寺田さんは「あごおち大根」というダイコンも栽培しているが（**表2**の基本データなどは略）、ダイコンもエタノール肥料との相性は良く、糖度の高いおいしいダイコンを生産している。

エタノールが与える影響

ここで、エタノールで糖度が上がる学問的根拠を理化学研究所の関原明氏に引用許可をいただいたので図に示す。『農耕と園藝』2022年冬号45〜48ページで詳しく説明されているが、重要なことなので以下、引用する。

「安定同位体^{13}Cでラベルされたエタノールを根に投与し、核磁気共鳴（NMR）解析を行うことで根から吸収されたエタノールがどの代謝産物に変換されうるのかを調べた。その結果、根においてはエタノールからアセトアルデヒドを経て最初に変換される酢酸、葉においてはスクロース、根と葉の両者においてグルコースやフルクトースなどの糖類、グルタミン酸やアスパラギン酸などのアミノ酸類、クエン酸やリンゴ酸、

コハク酸など様々な代謝産物にエタノールからそれぞれの代謝経路を経て変換されることが明らかになった。とりわけ根から吸収されたエタノールが糖類に変換されるという結果は、**エタノール投与により糖新生が活性化していることを示唆しており**、気孔閉鎖による二酸化炭素の取り込み低減を糖新生で補っている可能性が考えられた。（略）エタノール水溶液によって蓄積する代謝産物を明らかにするため、高感度に代謝産物量を分析することが可能である質量分析法による解析を行った。解析の結果、エタノール水溶液投与されたシロイヌナズナにおいては、フルクトース、マルトース、スクロースなどの糖類、バリン、プロリンなどのアミノ酸が蓄積していることが明らかとなった。さらに、アブラナ科野菜に含まれる成分で健康を促進する機能を有することが知られているグルコシノレート類も蓄積していることが示された」（以上引用）。

　作物の乾燥ストレスに対して10mMのエタノールをシロイヌナズナに施すことで耐性がつくこと、また、糖分にも影響することを明らかにされているのである。

写真2 寺田さんこだわりの「甘いセロリ」
セロリは本来、捨てる葉でも買ってもらえる時もあり、大幅に収量が増えることもある。
撮影：長浜義典

写真3 高い糖度を出しやすいという「ハニーキャベツ」
田原市はキャベツの一大産地として知られる。
撮影：長浜義典

ここで寺田さんの実体験を紹介しよう。ある年、冷夏のため、スイートコーンにうまく味がのらず、地域の生産者が糖度15度程度と苦戦するなか、寺田さんは20度を叩き出したことがあったそうだ。また、寒い冬でもエタノールは糖を持つから冬場でも凍りにくく、すが入りにくく冷害に強いと実感している。エタノールは気候変動に強い耐性を作物生育にもたらしているのだ。さらに収穫時期になるとセロリやキャベツもなかなか抜けないほど土壌で強く根を張っていると言う。キャベツやセロリがしっかりと根を張る理由は、「VFコール」（**表3**）に含まれているフミン酸、フルボ酸のおかげだと筆者は推測する。

アルコールだけではなく微量要素も重要

　寺田さんは微量要素の研究にも余念がなく、独学で勉強を重ねている。農協から購入したホウ素を含んだ肥料を使っているが、「アブラナ科の野菜はホウ素を多く含むのでホウ素の肥料は欠かせない」と言う。

　また、天気が曇り続きで光合成率が落ちても、エタノール肥料を使うことでミネラルの吸収率も上がると言う。これも「VFコール」に含まれるフミン酸、フルボ酸のおかげである。寺田さんは雨の予報前でもエタノール肥料を使っている。

　寺田さんが使っているとくにお気に入りの肥料は「サンレッド」（長浜商店）と「Dr. エナジー」（中日本肥料株式会社）。光合成代謝にミネラルが絶対必要であるのは、各光合成経路の酵素がミネラルを必要とするからである。ミネラルを足せば、糖に代わり、糖度の高いおいしい野菜が栽培できることにつながっていく。

　常々、長浜商店の先代社長である長浜憲孜さんは「やる気のある人に指導するほうがやりがいがあるからそういう人を応援したい」と言って

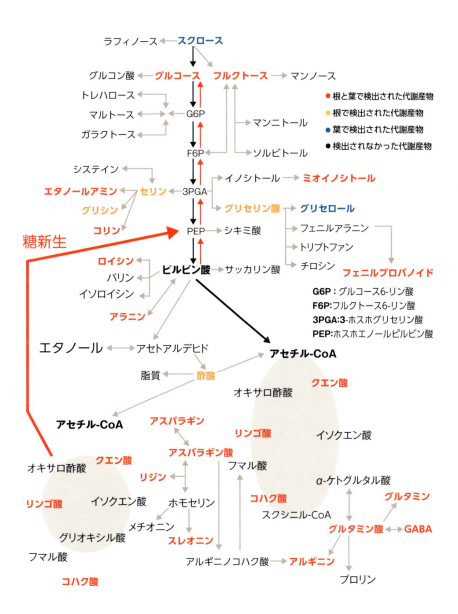

図1 安定同位体 ^{13}C でラベルされたエタノールを投与後の代謝産物の解析
理化学研究所環境資源科学研究センター、植物ゲノム発現研究チーム、関 原明氏より提供

いる。寺田さんは自分でもいろいろと実験や研究をしている大変な勉強家であった。今回、寺田さん、長浜商店のご厚意で栽培技術などを公開させていただいた。長浜商店の指導はもちろん、寺田さんの日々の研究と努力の結果が相乗効果となっておいしい野菜が栽培できているのである。

追記　納豆菌の大切な働き

　以前、寺田さんのブロッコリー圃場で黒すす病が出てブロッコリーが全滅する被害を被った。ところが、その対処法として、わらをかけて納豆菌を上からかけるだけで黒すす病が消えたという。これは、1999年の愛媛産業技術センターが開発した環境浄化微生物「えひめAI-1」をヒントにされたのと、納豆を食べた人が酒蔵に入ると酵母菌が死んでしまうという長浜商店の知見からのご指導によるものだ。有機栽培を手がける方にはぜひ参考にしていただきたい。

第2章
篤農家見聞録

大谷武久さん

9

BLOF理論でニンジンやカンキツの高品質・高収量・高栄養価栽培を実現

研究への貪欲な意欲から様々な農法を学ぶ

　おおたに農園の大谷武久さんとは数年前、小祝さん（第1章6参照）が主催されている有機農業大会に筆者が講演を依頼され、講演後の懇親会で熱心に私に質問をされたのがきっかけで知己を得た。その後、コロナ禍のまだない時期であったが、月1回のペースで計10回程、私の知見を大谷さんとその仲間の生産者に講義をさせていただいている。地域の新規就農者の育成にも積極的で、日本の農業のために日々邁進されておられる。

　出会った当初はまだ手探りの状態であった施肥量も、今では収量に応じた施肥量が理論上は必要との農業技術大系の論文の意味を会得され、ニンジンやカンキツなどの高品質・高収量・高栄養価に成功されている。今回メインに取り上げるニンジンにおいては、驚異的なことに、通常10a当たり2〜3tのところ、毎年約12tも収穫されている。

　大谷さんが有機農業を志したのは銀行を定年退職後、家業のミカン農家を継いだことから始まる。県の農業支援塾に通ったあと、様々な農法を知るなかで自然農法のパイオニア・小祝さんのBLOF理論に出会い、現在まで歩んでこられた。そして今もこの理論を実践されている。

大谷さんによれば、BLOF理論とは科学的見地から植物の成長過程を理解し、植物の栄養状態を把握することだという。そして、こまめな土壌分析・施肥設計を行うことで土壌の性質を知り、科学的データを蓄積、さらに土壌に合った微調整を繰り返し、大谷流のBLOF理論を体系化する。そうした努力の結果、作物本来の力を取り戻し、作物の内部での繊維作り、細胞作りが滞りなく正常に行われて病原菌や害虫にも強い「高品質」・「高収量」・「高栄養価」の栽培が実現できているのである。

写真1　ニンジン10a12t。カンキツ名人としても知られる大谷さん
大切な助っ人でもある妻の和子さんとともに。大谷さんを慕い、全国各地からその技術を学びに訪れる生産者は後を絶たない。

BLOF理論の肝太陽熱養生処理とは

　おおたに農園では、化学肥料や農薬、除草剤を一切使わずに栽培に取り組んでいるが、それが実現できているのはBLOF理論において重要な作業のひとつと言える太陽熱養生処理である。すでにご存じの読者も多いと思うが、改めて説明しよう。

　太陽熱養生処理は、夏場の高温期に圃場に堆肥をたっぷり施用させて土壌と混合したあと、土の表面に透明のビニルをかけ、その下にたっぷりと水を流し込み一定期間高温にさらすことである。もちろん有機物が大量に混入しているから、水が入ると混入した堆肥が微生物分解をはじめる。湛水しているため土壌内は酸素不足で、還元が進む。還元化すると酸化鉄が2価鉄に変わり、土壌病原菌や雑草の種子、センチュウなども死滅するというわけである。2価鉄は生物には有毒に働き、有害微生物も死滅する。水田の稲作は連作障害がないことの応用である。太陽熱養生処理の際、チッ素化合物は分解し、アミノ酸が多く生じる。以前、理化学研究所の市橋泰範さんと当時東京大学の助手をされていた二瓶直登さんらがベジタリア（株）の小池聡社長の希望で、BLOF理論の解明をされており、当時ベジタリアの職員でもあった筆者も実際の研究現場に立ち会って試験結果を楽しみにしていたが、太陽熱養生処理の結果、アラニンやコリンが多く生成していることを発見している。とくにコリンは生育促進効果が著しいことも明らかにされている（理化学研究所研究成果（プレスリリース）2020年）。このように、太陽熱養生処理はBLOF理論を実践するに当たり、大変重要な作業なのである。

重要な役割を果たす酢酸の作用

表1 に大谷さんの 10a 当たり 12t 収穫できる貴重な栽培記録を紹介する。表2 に収量と売上高を示す。肥料の N、P、K は、豚ぷん堆肥に含まれており、それをニンジンは吸収している。施肥としては豚ぷん以外に施用するのは 表1 に詳細を記しているが、追肥は「酢とにがり」だけである。それで充分なのである。なお、土壌分析は非常に大切で、小祝さんの BLOF 農法では、生土を採用している。土壌分析を表3に示す。生土であるため、自然状態のマンガンが正しく測定できる。

農水省や土肥学会などの公定法では風乾細土を分析試料として用いているが、マンガンは風乾細土では微生物が死滅しており、生土には少ないマンガンが風乾細土では大量に分析値として現れ、自然状態（現場圃場）の可溶性マンガン量が正しく測定できないのである。堆肥多量連用で生じる Mn 欠乏については、本書第 1 章 9 を参照されたい。

追肥は「酢とにがり」だけで充分と述べたが、ここで酢酸について詳しく説明しよう。

酢酸の作物体内での作用機作は、理化学研究所・環境資源科学研究センター・チームリーダーの関原明氏らが公表した研究に、多くの期待が感じれられる糸口がある。とくに乾燥ストレスにさらされた時に、酢酸（お酢）処理をすると図1に示すように体内にジャスモン酸が合成されてストレス耐性に関与する下流遺伝子ネットワークが活性化され、乾燥に強くなるという機構を発見している。

これはシロイヌナズナでの実験でニンジンではないが、大谷さんが栽培したニンジンでは、食べるとカキの果実のように感じる甘さが生じていたそうだ。甘いニンジンという高品質の秘密がこの作用と関連しているのかは不明だが、今後の研究で明らかになることを期待したい。

表1 栽培記録（すべて10a当たり）

3月21日	豚ぷん堆肥30t（C/N比30）散布
3月22日	トラクターにて中耕
4月20日	竹パウダー　200kg
4月21日	アミノバード　1,590kg アイアンパワー　100kg マンガンパワー　50kg 苦土石灰　800kg ブレンドソワーにて散布
6月17日	トラクタにて中耕
6月18日	醤油かす　1,000kg （軽トラックにて散布）
6月20日	トラクタにて中耕
7月5日	トラクタにて中耕
7月15日	太陽熱養生処理 （透明マルチを張る） ※マルチのなかの温度は約65℃
8月31日	透明マルチを除去
9月3日	ニンジン播種（向陽2号）
9月4日	スミサンスイ（住化農業資材（株）） にて潅水 9月4日～11月30日まで
10月13日	酢（4.5％、100倍に希釈）、 にがり（200倍に希釈） を動噴にて250ℓ散布
10月18日	同上
10月23日	同上
10月28日	同上
12月10日	収穫開始
3月19日	収穫終了

表2-1 収穫量（10a当たり）

収穫量	約12t
播種数	5万粒
1本当たり平均重量	250g
1本当たり金額	50～100円

農協の目標は4tだが、現実は2～3t。

表2-2 売上高

数量（kg）	単価（円）	売上（円）
6,000	210	1,260,000
4,000	312	1,248,000
300	120	36,000
合計		2,544,000

出荷先は、産直11ヵ所、飲食関係が4ヵ所、卸売は3ヵ所、個人宅配など。単価は出荷先それぞれでバラバラだが、飲食関係の単価が高い。

表3 土壌分析値（2023年9月2日）

分析項目	アンモニア態チッ素	硝酸態チッ素	可溶性リン	交換性石灰	交換性苦土	交換性カリ	可溶態鉄	交換性マンガン	EC
単位	kg／10a						ppm		mS／cm
分析結果	0.1	0.1	136	296	57	49	52	51	0.1

第2章　篤農家見聞録

9

BLOF理論で高品質・高収量・高栄養価栽培を実現

最初は誰でも失敗続き、それでもチャレンジを続ける

　大谷さんは銀行定年後、偶然のきっかけで小祝政明さんとの出会いがあり、BLOF理論を学びはじめた。その結果として「高品質」「高収量」「高栄養」の栽培を実現できるようになったが、ここまでの道は平坦なものではなく、大小の失敗を繰り返す連続だったと語る。それは分析の結果、ミネラル不足だったことがわかったからだそうだ。そこで、ミネラル不足を解消するとともに、小祝さんが提唱する以上の、2〜3倍の

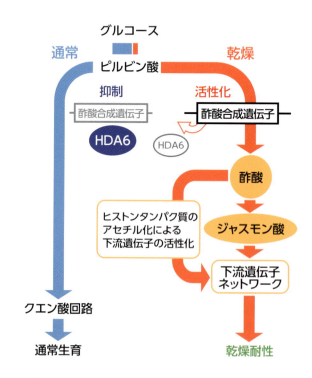

図1　酢酸散布による体内作用点

出典：関原明チームリーダー（理化学研究所・環境資源科学研究センター）による科学技術振興機構での事業成果：「エタノール・酢酸処理で塩害・乾燥に強く　農産物のストレス耐性を高める」より引用（https://www.jst.go.jp/seika/bt2019-08.html）

収量かつ「高品質」「高栄養」が実現できるのではないかと考えて、地力を最大限に上げることを目標にして努力を重ねてこられた。例えば、堆肥の投入では、C/N比30を反当たり30t投入するなど実践されてきた（ちなみに小祝さんの指導では反当たり4〜6tである）。

　もちろん前述の太陽熱養生処理は欠かさない。以前、野菜などの成分分析を行うデリカフーズホールディングスのメディカル青果物研究所に依頼した大谷さんのニンジンの栄養価の分析結果は、糖度（Brix）8.5%、ビタミンC 6mg/100g、抗酸化力 9mgTE/100g、硝酸イオン 150mg/kgというものであった。硝酸イオンは体に悪いと思われている方も多いが、今では機能性成分のひとつとして消費者庁も認めており、人のミトコンドリア増殖を促進し、しかも体内にATPをたくさん作ってくれる。また緑内障の予防にも効果があることも明らかになっている（第1章1参照）。

　こうしたニンジンを栽培できるようになった大谷さんでもまだまだとの思いがあり、毎年、反当たり15tを目標にチャレンジを続けている。

写真2　収穫時期を迎えていたニンジン
BLOF理論を実践し、高品質、高収量、高栄養価を実現。

写真3
「オーガニック・エコフェスタ」などでは、カンキツでおいしさ、栄養価などの部門で今までに何度も受賞の栄誉に輝く。栽培しているカンキツのひとつ「甘平」は1個1,000円で販売！ 売れ行きは好調と言う。

「たくさんの失敗の経験は心を強くし技術を高め、仲間とのつながりを強く深くしてくれます。これから有機農業に参入する方々に伝えたいのは、本来人間はおいしい野菜を食べることで健康な体を維持していけるということ。微生物を活かした環境に優しい栽培技術・BLOF理論を実践し、地球に生息する動植物と共存共栄していければ」と語っておられたのが印象的だった。

第 2 章 篤農家見聞録

10

中田幸治さん
フミン酸とフルボ酸で、水稲増収に成功。ネギの夏季の高温障害対策に活用

　今回は福島県郡山市で水田 24ha、白ネギと青ネギで 10ha を経営されている株式会社なかた農園の代表取締役中田幸治さんを訪問した。BS（バイオスティミュラント）資材の一つであるフミン酸とフルボ酸の混合水溶液「HS-2®プロ」（開発・製造元：株式会社ケーツーコミュニケーションズ）を早くから活用され、水稲における育苗期の延伸や、冬場のネギの安定した定植につなげておられる。

水稲は育苗期が大幅に延伸

　中田さんは水稲の育苗で、苗箱 1 枚に従来の 2～3 倍の乾籾を蒔き（1 枚あたり約 300g）、使う苗箱を 10a あたりに 5～10 枚に抑える「密

写真1　天のつぶ平均分けつ 27 本
井戸水と「HS-2®プロ」を使用（2024年6月25日）

写真2　天のつぶ平均分けつ 33 本
ウルトラファインバブル水と「HS-2®プロ」を使用（2024年6月25日）

表1 （株）なかた農園土壌分析結果

	pH (H₂O)	アンモニア態チッ素 (me/100g)	硝酸態チッ素 (me/100g)	加給態リン酸 (me/100g)	交換性石灰 (me/100g)	交換性苦土 (me/100g)	交換性加里 (me/100g)	加給態鉄 (me/100g)
ナス畑南	5.5	1	5	50	400	75	20	10
ナス畑南	5.5	1	5	50	100	50	70	25
保育園わき	6	1	5	100	400	75	70	10
墓石	6	1	5	75	200	50	35	5
畳屋	5.5	1	5	75	400	50	35	5
石ころ	6	1	5	75	100	50	70	5

苗」を採用。播種や苗出し作業などを大幅に省力化している。育苗期間は通常20～25日だが、「HS-2®プロ」を使うことで、2週間育苗期間が延びた。「苗の緑化期が延びたのには驚いた。1日に田植えできる面積は約2ha。育苗期間が10日延びれば、単純計算だが20ha経営面積を増やせる」と中田さんは笑顔を見せられたそうだ。

水稲は5品種を作付けされているが、育苗期間の延伸は作期を分散する上でも大きい。種子消毒や殺菌剤は使用するが、同資材施用前に比べ、ムレ苗や苗立ち枯れ病、もみ枯れ細菌病などが大幅に減った（これは苗の抵抗性が増したことによるもので、農薬の使用量が大幅に減り、その結果、環境が改善。なかた農園の水田ではドジョウやオタマジャクシが元気に泳いでいた）。収量も増え、飼料米「ふくひびき」は多いところで740kg（10aあたり）を超え、「コシヒカリ」では千粒重が増したそうだ。農水省の資料によると、県の平均収量は10aあたり553kgである。令和5年の全国農協連合会会長賞を取られた方が760kgであったが、中田さんはそれに近い収量である。

写真3 水田脇の浅水箇所でオタマジャクシ、ヤゴ、ドジョウがみられた（2024年6月25日）

作成者：農芸環理（株）杉山孔貴氏

交換体マンガン(me/100g)	腐植(%)	CEC(me/100g)	リン酸吸収計数	飽和度	CEC	過不足値		
						石灰	苦土	加里
5	2.5	18	1200	102.6	37.6	-5.2	37.8	112.5
5	5	18	1200	42	15.4	61.7	-3.8	-15.7
5	5	27	1200	72.3	35.8	-24.1	32.4	56.2
5	1	18	800	57.7	19.1	0.5	7.3	32.3
5	5	18	1200	97.4	35.7	-25.2	57.1	90.8
5	5	18	1200	42	13.9	46	-8.3	-21

「HS-2®プロ」の使い方は、育苗期に計3回、2000～3000倍液で潅注しているそうだ。1回目は播種時、2回目は芽だし後1回目

表2 堆肥施用 (2023年)

堆肥	施用日	名称	10a当り
	3月10日	牛糞堆肥	5 t

の潅注時、3回目は1.5葉期だが、液肥とともに施用することで、肥効が長持ちする。この肥効の持続は非常に大切である。

ネギは冬場、定植時の活着改善

ネギでも「HS-2®プロ」を育苗期に使うことで、冬場の定植時の活着が良くなる。契約栽培で通年栽培に取り組む中田さん。冬場の冷え込みが厳しい地域だが、1～2月に定植すれば、高温の影響で茨城・千葉・埼玉など関東産の物量が減る7～8月に出荷ができ、経営面のメリットが大きい。収量も増え、これまで夏場の収穫は10a当たり2.0tが限界だったが、2023年は同6.0tをたたきだした。農林水産省のデータから令和2年の例であるが、10aあたりの収量は平均2.01tである。なかた農園では1.6tだったことを考えると、厳しい環境にあったと想像できる。その同じ土地で6.0tはすごいと思う。ケーツーコミュニケーシ

ョンズの小嶋社長によると、なかた農園は福島県においてネギでは一番の法人農家である。中田さんはとても研究熱心な方で、「HS-2®プロ」をうまく使いこなしたことが大きいと思われるそうだ。

ネギでも使用は育苗期に計3回、播種時に500〜1000倍でどぶ漬けし、定植まで10〜14日おきに灌注されている。

中田さんは「今後、規模拡大を目指す上で、水稲における密苗の導入やネギの収量増は欠かせない。「HS-2®プロ」は、それを省力化と生育の両面からサポートしてくれる資材」と解説する。

果菜類などにも効果

果菜類などにも「HS-2®プロ」を主に育苗期に使うことで徒長を抑え、根張りがよい苗づくりができる。小嶋社長によれば、米やネギ以外にも多くの作物で使われているが、トマトやキュウリなど果菜類はなり疲れせず、収穫期が延びたとの声も多い。新潟県では、水稲の高温障害対策に本圃で散布する生産者も増えているという。

小嶋社長は「原料は未利用資材である針葉樹の間伐材を4年かけて完熟させた堆肥で、環境にも優しい。農業従事者が減少するなか、省力

写真3 出荷直前の青ネギ（2024年6月25日）

化や生産性向上に貢献ができればと考えている。多くの生物に良い影響を与えるフミン酸、フルボ酸や抽出後の残渣も含め、今後は漁業や畜産業でも普及させたい」と先を見据えた発言をされている。

（以上、大部分は 2023 年 2 月 3 日発行の全国農業新聞より引用紹介させていただいた。同新聞の記者の方に御礼を申し上げる）

表3　ネギ育苗期の肥料・土壌改良剤・葉面散布剤等（反あたり）

施肥日	名称	使用量(Kg)
12 月 22 日	自家配合の育苗培土の水分調整 「HS-2®プロ」　2000 倍	1.5L
2 月 15 日	「HS-2®プロ」　2000 倍 モリンガ液肥(微生物)　1000 倍 ホストップ　1000 倍	50L
2 月 25 日	「HS-2®プロ」　2000 倍 モリンガ液肥(微生物)　1000 倍 ホストップ　1000 倍	50L
3 月 15 日	「HS-2®プロ」　2000 倍 モリンガ液肥(微生物)　1000 倍 ホストップ　1000 倍	50L
4 月 10 日	「HS-2®プロ」　2000 倍 モリンガ液肥(微生物)　1000 倍 アミノキッポ　500 倍 ホストップ　1000 倍	50L
5 月 10 日	「HS-2®プロ」　2000 倍 モリンガ液肥(微生物)　1000 倍 アミノキッポ　500 倍 ホストップ　1000 倍	50L
5 月 15 日	苦土石灰	100
7 月 4 日	DHC オール 14	50
	スーパー MMB 有機	16
	明星 1 号	16
	エコロング	45
9 月 16 日	スーパー MMB 有機	20

第3章

フミン酸、フルボ酸の活用術

Prologue

第3章を読むにあたって

　本章では、本書の目的である、日本のすべての農家が収量を上げるための最も効果のある資材を紹介する。それが、フミン酸、フルボ酸を含む資材である。その開発者であるケーツーコミュニケーションズの小嶋社長に特別寄稿をお願いした。内容については、腐植分野の権威で弘前大学名誉教授である青山先生にわざわざ監修を依頼してくださり、校閲していただいている。監修してくださった青山正和先生に、私からも御礼を申し上げます。

　私はフミン酸、フルボ酸は、植物だけでなく、すべての生命に関与していることを、インドで3000年も前から民衆に伝わるアーユルヴェーダの薬「シラジット（フミン酸、フルボ酸を約60％含有）」との共通点で見いだしている。インドでは、シラジットでがんが治癒した事例も報告されている。古代バビロン、メソポタミア、ローマ帝国では温泉療法での使用もある。

　現代では、両親媒性（分子に疎水性基と親水性基を持つ）で超分子構造を形成する天然のフミン酸の抗酸化、抗炎症、糖吸収阻害などが解明されつつある。重金属など有害物質の吸収抑制もその一例である。一方、電子の受容体や供与体としても働く天然のフルボ酸は、有用ミネラルなど、栄養素の吸収を促進する働きを持つことが明らかになってきた。

　世界では、植物の最終分解物であるフミン酸、フルボ酸の活用範囲が伸展、植物だけではなく、人や動物、環境改善へと研究が進んでいる。欧州医薬品庁（EMA）の動物用医薬品評価委員会によると、安全なフミン酸、フルボ酸は、抗炎症、抗酸化、抗ウイルスなどの特性をもつ分子であり、ウマ、ブタ、トリの下痢、消化不良、急性中毒の治療を目的とした、500〜2000mg/kgの経口投与が可能で、腸の粘膜に対して保護効果を発揮し、消炎性、吸着性、抗毒性などを有することを示している（こうした論文の翻訳精読を白川仁子様が、勉強会で5回も私たちに説明してくださった。記して御礼を申し上げます）。

ワンヘルスを紡ぐ腐植物質
「フミン酸、フルボ酸」
― 次代の子供たちにより良い環境をひきつぐために ―

小嶋康詞
監修：青山正和

はじめに

　本書は、植物栄養学の世界的権威である渡辺和彦博士（農学）が篤農家を一軒一軒訪ね、「いかにして美味しく健康的な作物を育て上げ、収益を上げているか」を科学的な解説を加え記事にしてきたものをまとめあげた一冊だ。当然のことながら、生産者にとっては表に出したくないようなコツを科学的な裏付けをして編纂した、言わば秘伝集ともいえる。

　渡辺先生が篤農家を巡る中、先生の植物栄養学の範疇に入らない腐植物質（フミン酸、フルボ酸）を上手に活用して大きな収益を上げている生産者と出会うことになる。もちろん先生はフミン酸（腐植酸）もフルボ酸も認識はされていたものの、栄養素ではないとの理由から積極的な研究は行われていなかったようだ。先生と私との出会いは、そんな先生が「でも、気になる」というタイミングで、上杉登氏（元全国肥料商連合会会長）にご紹介いただいたのがきっかけだった。

　その後、先生のご自宅に2回ほどご招待いただき、その機会を利用してフミン酸、フルボ酸のバイオスティミュラント作用に関する勉強会を開くこととなった。勉強会では、植物への働きだけではなく、人に対する美容や健康効果、海洋生物や環境浄化への活用例、また、多分野に

わたり世界中から相次いで発表される論文なども紹介させていただくようになった。

そんな折、渡辺先生から「あなたが開発したフミン酸、フルボ酸を使って実績を上げている生産者を取材したい」との依頼があり、『農耕と園藝』に連載された記事が第2章にまとめられている。

秘伝集の末席に加われることを喜んでいたところに、渡辺先生から「ワンヘルスをテーマに、フミン酸、フルボ酸のことを書いてほしい！共著で行こう！」と恐れ多いオファーをいただき、恐縮したが、末筆ながらも執筆させていただくことになった。

なお、正しい情報を掲載する上で、元日本腐植物質学会会長であり、弘前大学名誉教授の青山正和博士（農学）に監修をお願いした。皆様のお役に立てたならば幸甚である。

本論に入る前に

腐植物質の説明を始めると、決まって「フミン酸って何？」「フルボ酸は聞いたことあるけどフミン酸なんて聞いたことがない」と質問がよく返ってくる。フミン酸もフルボ酸も腐植物質の仲間で、自然の中では毎日森の中で生成されている、と答えると「フルボ酸は一億年もかかってできるヒューミックシェール（亜炭）からしかできないと聞いている」と、かなりの確率で反論されてきた。間違った情報、特にインターネット上にはさまざまな情報が氾濫している。

そこで本書では、これまで多くの方から受けたご質問や疑問点に焦点をあて、できるだけわかりやすく正しい情報を伝える。なお、フミン酸やフルボ酸はその多機能さゆえ、さまざまな国から多分野にわたる論文が次々と発表されている。それらの論文を整理すると、フミン酸やフルボ酸があらゆる生物（命）に活性を与え、環境にも不可欠な物質群、す

なわちワンヘルスを紡ぐ重要な物質群であるということがわかってきた。加えて、渡辺先生からのご指示もあり、私のパートのタイトルは「ワンヘルスを紡ぐ腐植物質」としたい。

次代の子供たちにより良い環境を引き継ぐために

　温暖化を超え、地球はすでに沸騰化の時代に突入したと叫ばれている。環境汚染物質が世界中にばらまかれ、地球上の全ての生命が危機的状況を呈している今、「次代の子供たちにより良い環境を引き継ぐ」ために、フミン酸、フルボ酸のさまざまな作用をフル活用してゆこう！と寄稿させていただくことにした。本章では、世界的な食糧危機を踏まえ、環境にも健康にも直結する農業を中心に、フミン酸とフルボ酸の正しい解説と活用法を紹介する。

本論

ワンヘルス（One Health）を紡ぐ腐植物質

◆森が消える。環境破壊は汚染を生み、地球の沸騰が絶滅を拡大する

　1985 年に初めて開催された世界会議で地球温暖化が大きく取り上げられてから約 40 年となる 2023 年 7 月、国連事務総長の会見によって温暖化よりもレベルの高い「地球沸騰化」時代の到来が告げられた。

　気候変動は世界各地で発生する巨大台風や集中豪雨による水害、干ばつだけではなく、頻発する竜巻、高温障害や低温障害なども重なり、穀物や野菜といった農産物に深刻な影響をもたらしている。

　地球規模の環境問題は急激な気候変動ばかりではない。マイクロプラ

スチック（MPs）、原油や石油製品に由来する多環芳香族炭化水素（PAHs）、有機フッ素化合物（PFOS、PFOAなど）をはじめとするさまざまな汚染物質によって土壌や海洋の汚染が広がっている。

　陸上の食物連鎖における生産者である植物は、土壌からの栄養と光合成なくしては成り立たない。その大切な土壌が、化学肥料、化学農薬の投与に依存する慣行農法の普及も影響してか、枯渇化し失われ始めているのだ。

◆ワンヘルスとは

　人や動物の健康と、環境の健全性は生態系の中で相互的につながり、強く影響しあっている。ワンヘルスとは、このバランスを維持するため、各分野の関係を見直した上で再築し、課題解決のため横断的に活動していくという概念だ。

　しかし今日では、私たちの活動域は他の生物たちの生息域を狭めなが

図1　出典：PhotoAC

ら拡大し、種の絶滅スピードは加速の一途をたどっている。汚染と枯渇化する土壌、こうした中でも増加し続ける人類にとって、食料危機は避けては通れない問題なのだ。

◆腐植物質がワンヘルスを紡ぐ

ここに、2023 年に発表された一報の論文がある。

"Humic Substances as a Versatile Intermediary"
（筆者和訳：多用途な仲介者としての腐植物質）

この論文は、人や動植物の健康だけではなく、環境の健全性においても、土壌有機物（SOM）の 60% を占める腐植物質（HS）が仲介者としてきちんと働けば、ワンヘルス（全ての健康はひとつ）の実現が可能とした提言である。

図2 は人、動物、植物の健康に加え、土壌や海（水域）を含めた環境の健康にフミン酸やフルボ酸などの腐植物質がどのように作用しているかを図解したものだが、腐植物質がワンヘルスのコンセプトとして機能し、あらゆるシーンに深く関わっていることがおわかりいただけると思う。

◆腐植物質（HS）とは

腐植化プロセス

腐植物質とは、植物が微生物の力を借りて分解された最終分解物だ。わかりやすくいうと、森の中で倒れた木を微生物たちが分解してゆくと最後に残るのがリグニンだが、木を堅く丈夫にする成分（物質）でもあるリグニンが分解されると、フミン酸やフルボ酸といった腐植物質に変

化する。この微生物による分解プロセスを「腐植化プロセス」といい、森の中では毎日のように腐植物質が生成され、**図2**のようにあらゆる生命に活力を与え、環境を浄化してくれている。

「腐植化プロセス」は、堆肥を作った経験がある方ならイメージしやすいと思う。落ち葉や抜いた草などを山積みにしておくと、夏場なら数日で内側が熱くなり、湯気も出てきて、温度は60℃を超える。これが腐植化プロセスの第一段階で、エネルギーの高いタンパク質や糖などを分解する菌が発酵熱を出している状態だ。

第二段階では、セルロースやヘミセルロースといった難分解性の繊維質を分解する菌が登場する。この段階が終わりに近づくと発酵熱は次第に下がってくる。

図2 腐植物質フミン酸、フルボ酸の作用
(Humic Substances as a Versatile Intermediaryより改編)

そして最終段階になると、分解が最も難しいリグニンが分解（代謝）される。リグニンの分解産物にタンパク質や繊維質の分解産物、さらには微生物の代謝産物が反応して、フミン酸やフルボ酸といった腐植物質が生成されて完熟堆肥になる。発酵（分解）が進み完熟に近づくと色が茶褐色に変化して行くが、この色の変化こそリグニンからフミン酸やフルボ酸に変化したサインだ（図3）。

　重要なのは、こうして生成したフミン酸やフルボ酸が超分子構造を形成していることだ。この超分子構造に関しては後述させていただく。

　リグニンを多く含む植物の代表は、樹木である。特に高木へと生長する針葉樹に多く含まれるため、リグニンが分解され完熟堆肥化するの

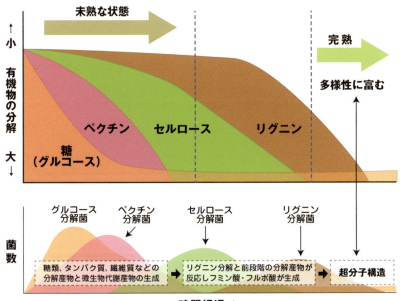

図3　腐植化プロセス

には、細かくチップ状にしても4年近くの歳月を要する。広葉樹の場合はその種類にもよるが、おおよそ1年半から2年程度、針葉樹の半分くらいの時間で「腐植化プロセス」が終わり、フミン酸やフルボ酸が生成される。

「腐植化プロセス」には酸素が必要（好気性発酵）

ここで重要なことは「腐植化プロセス」には、酸素が必要だということだ。その理由は、有機物を分解してくれる微生物たちが酸素を必要とする好気性菌であるからだ。また好気的な環境であるがゆえ、生成されるフミン酸やフルボ酸にはさまざまな官能基が作られる。それらが生理反応に関わっている。代表的な官能基はフェノール性水酸基（-OH）とカルボキシ基（-COOH）だが、これらは酸性基といわれ、フミン酸やフルボ酸は弱酸性を示す。なお、フミン酸には多くのフェノール性水酸基が含まれ、フルボ酸はカルボキシ基が優勢だ。

フミン酸とフルボ酸の構造

フミン酸とフルボ酸は他の有機酸、例えばクエン酸（$C_6H_8O_7$）や酢酸（CH_3COOH）、あるいはアミノ酸のフェニルアラニン（$C_9H_{11}NO_2$）、脂肪酸のリノール酸（$C_{18}H_{32}O_2$）などのような分子式が書けない（図4）。

クエン酸
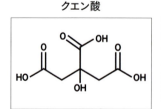

酢酸
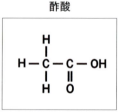

フェニルアラニン
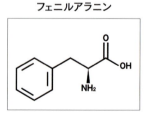

図4 代表的な有機酸の分子式

なぜならば、現在のところフミン酸やフルボ酸の化学構造が特定されていないからである。

　フミン酸やフルボ酸は一つひとつの性質や機能が異なるといわれており、その研究は果てしなく続いている。フミン酸やフルボ酸の多機能性の理由もこの違いにある。ちなみに弊社のフミン酸、フルボ酸水溶液「HS-2®プロ」の分析を青山正和博士に依頼したところ、視認できるフルボ酸だけでも500以上、フミン酸にいたっては2,000以上の物質の集合体だとわかった。そのため本来は、フミン酸群、フルボ酸群と表さなければならないのかもしれない。こうしたフミン酸やフルボ酸の構成分子の化学構造が特定され、どのように集合体を形成しているのかが解明されて初めてフミン酸とフルボ酸の構造が明らかになる。

フミン酸とフルボ酸の違い

　フミン酸はpH2以下の酸には溶けずに沈殿し、アルカリ側では溶ける性質を持つ物質群。これに対してフルボ酸は、酸にもアルカリにも溶ける性質を持つ物質群だ（図5）。詳しくは後述するが、この性質の違いを利用し、亜炭（ヒューミックシェール）や泥炭などを原料として腐植物質に似た物質を化学精製すると、精製の最初に強い酸性物質（硫酸や硝酸など）を使用することからフミン酸様物質が沈殿してしまい安全な状態のフミン酸が得ることができない。

　このため国内ではフルボ酸（様物質）ばかりが目立っている。「ケミカルフリー（化学物質不使用）で安全なフミン酸の水溶化など不可能」と言い切る専門家もいるほどだ。それほどまでに難しく、安全な状態でフミン酸を水溶化することはこれまで不可能とされてきた。

　「ポリフェノールには抗酸化力がある」というフレーズをよく耳にするが、ポリフェノールとは物質名ではなく、簡単に説明するとフェノー

ル性水酸基（-OH）を複数（ポリ）持った分子（物質）群の総称だ。したがって、フェノール性水酸基（-OH）を大量に含む天然のフミン酸は抗酸化力が高いポリフェノールともいえる。なお、好気環境で「腐植化プロセス」を経て生成されるフミン酸には、その他にカルボニル基（-C(=O)-）やキノン（$C_6H_4O_2$）など生理活性に深く関わる官能基も豊富に含まれている。

　一方、フルボ酸は分子量が比較的小さい物質群であることから、素早く細胞透過（吸収）し、酸素を運んでミトコンドリアの呼吸を促進したり（ATPの合成促進）、電子メディエーターとして電子の受容体としても供与体としても働いたりしてくれるため、その生理活性作用は計り知れない。植物に対しては、徒長抑制や分けつ促進、高温障害対策などさまざまなバイオスティミュラント効果が確認されている。

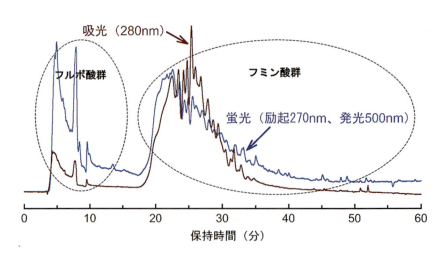

図5　「HS-2®プロ」原液のπ-π相互作用-逆相クロマトグラム

超分子構造

ここで特筆したいのは、さまざまな機能研究がグローバルに進む中、これまで高分子といわれ続けてきたフミン酸は、実はフルボ酸と同じように比較的分子量が小さい物質群が、疎水性相互作用や水素結合などの緩い結合により、くっついたり離れたりする「超分子構造」を形成していることが明らかになってきた。

フミン酸の超分子構造が示す機能の一つに、水にも油にも溶ける両親媒性という性質がある。その性質を利用することで界面活性剤を使わなくても疑似乳化が可能になる。またフミン酸に多数あるフェノール性水酸基（−OH）の水素（H^+）が外れると酸素が（O^-）マイナス電荷を帯び、プラス電荷を帯びた分子、例えば病原性ウイルスや悪玉タンパク、環境汚染物質などを両親媒性の吸着力をもって掴んでくれる（吸着する）といった重要な作用の報告もある。植物に対しては根の保護や根圏微生物の活性化など、超分子構造ならではの作用が数多く報告されている。

フミン酸とフルボ酸には、ミネラルイオンなどのキレート効果や抗酸化力など共通した作用もたくさんあるが、植物に対しての作用をわかりやすく図6に整理した。

炭化プロセス

土壌有機物の約60%を占め、あらゆる生命の生理活性に働く腐植物質は、自然界では森の中で生成されるため、腐植土に混じっている状態のフミン酸やフルボ酸の単離は可能だ。しかし、生産性を考えると採算が合わない。加えて、現代では森林の減少に伴い、腐植物質そのものが年々減り続けている。こうした状況もあり、石炭採掘の際に出る亜炭（ヒューミックシェール）や湿地帯でとれる泥炭（ピート）などの利用が広がった。亜炭は燃焼カロリーが低いために、廃棄されることが多く安価

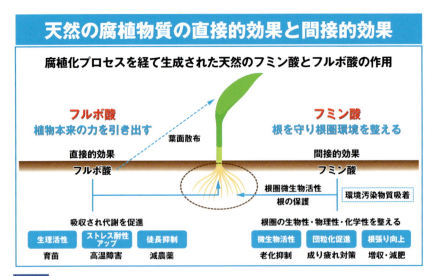

図6　フミン酸とフルボ酸の植物に対する作用

だ。泥炭は水生生物の遺体が長い年月をかけて堆積したものだが、これらを化学処理して精製したとしても化学的に修飾されているため、純粋なものではない。しかし、このフミン酸やフルボ酸に似せた製品こそ、世界中で生産されてきたのである。

亜炭も泥炭も元は植物だが、「腐植化プロセス」とは全く異なる「炭化プロセス」を経て作られる。「炭化プロセス」とは、嫌気的な環境（酸素がない環境）の中で、炭素と酸素と水素で構成される植物遺体から酸素と水素が抜けて行き、限りなく炭素だけになるプロセスのことを指す。

ここで重要なのは、脱酸素、脱水素による影響だ。酸素（O）や水素（H）がなくなれば、これらと炭素（C）によって構成される−OH（フェノール性水酸基）や−COOH（カルボキシ基）といった大切な官能基が失われてしまうことを意味する。簡単な例でいうと、亜炭や泥炭の上で植物は育たないが、腐植化プロセスを経てできた完熟堆肥の上では育つ。

化学精製

　亜炭や泥炭から腐植物質を抽出するには、いったん硝酸（NHO_3）や硫酸（H_2SO_4）といった強酸性の化学物質を利用し、ドロドロに溶かしながら酸化（酸素を付ける）させる処理をしなくてはならない。この過程で亜炭や泥炭から欠落してしまった官能基が化学反応によって付加される。こうしてでき上がるのが、硝酸を使えば「ニトロ化」された、硫酸を使えば「硫化」された、フミン酸のような、フルボ酸のような物質だ。

　このようにしてできた「ような物質」のうち、酸に不溶であるというフミン酸の性質により、フミン酸様物質は沈殿した状態にしかならない。また、硝酸や硫酸はいずれも大変危険な化学物質であるため、このまま使用することができず、アルカリ物質を用いた中和処理が必要になる。この際の反応により、フミン酸様物質はフミン酸カリウムに、フルボ酸様物質もフルボ酸カリウムへとさらに変化してしまう。

　加えて、炭化過程における環境にもよるが、亜炭（ヒューミックシェール）の多くには有害な重金属（有害ミネラル）だけでなく、放射性物質が含まれている可能性が高く、植物にも私たちに対しても安全性に不安が残る。

　化学精製によって得られた物質は、当然のことながら「腐植化プロセス」をきちんと踏んでできた天然のフミン酸やフルボ酸とは構造や性質も異なる。事実、動植物に対する生理作用も、環境を浄化する能力も低いことが報告されている。

「腐植化プロセス」VS「炭化プロセス」：生理作用の違い

　2014年に発表された論文 "A meta-analysis and review of plant-growth response to humic substances: practical implications for agriculture"（著者和訳：腐植物質による植物生長反応におけるメタ解析とレビュー：農業への実用的示唆）では、腐植物質の施用が植物の生育に及ぼす影響に関する390報の論文のうち、比較可能な81報の研究を選択して307の事例についてメタ解析した結果、「腐植化プロセス」を経た堆肥由来の腐植物質（フミン酸、フルボ酸）と「炭化プロセス」によって炭化された亜炭や泥炭由来の化学物質生成した、腐植物質のような物質とでは明らかに植物の生長促進に差がでるとしている。

原料の違いによる腐植物質の成長促進効果比較（307例をメタ解析）

	「腐植化プロセス」原料		「炭化プロセス」原料	
地上部	堆肥由来（25～28%）	＞	亜炭由来（12%）＞	泥炭由来（4%）
地下部（根）	堆肥由来（12～40%）	＞	亜炭由来（0%）≧	泥炭由来（0%）

　「腐植化プロセス」を経て生成されたフミン酸、フルボ酸では、地下部（根）の生長において12～40%もの優位な生長が確認された一方、「炭化プロセス」によって酸素と水素が抜けた亜炭や泥炭由来の腐植物質のような物質では生長が0%、つまり全く生長促進作用がなかった。地上部の生長においても「腐植化プロセス」を経て生成されたフミン酸、フルボ酸では25～28%の生長促進が確認されたが、亜炭由来のフミン酸様物質やフルボ酸様物質では12%、泥炭由来ではわずか4%であったと報告されている。

　こうした結果からも、「腐植化プロセス」を踏んで生成された天然のフミン酸やフルボ酸は、亜炭や泥炭由来のフミン酸様物質やフルボ酸様物質に比べて、明らかに生理活性が高いということがおわかりいただけると思う。

　腐植化プロセスと炭化プロセスによる違いを**図7**に整理した。

図7 腐植化プロセスと炭化プロセス

◆ワンヘルス、弊社の取り組み

　ワンヘルスの中核を成す腐植物質ではあるが、前述のとおり、亜炭や泥炭といった炭化した原料から化学物質を使用せず、安全かつ自然な状態でフミン酸を抽出、水溶化することはこれまで不可能とされてきた。

　しかし弊社は、スギ・ヒノキの間伐材を4年間発酵（完熟）させて、リグニンを分解した原料から、化学物質を一切使用せず、水だけでフミン酸とフルボ酸の同時抽出、水溶化（商業化）することに世界で初めて成功した（特許抽出法）。

　こうして抽出した水溶液に含有するフミン酸とフルボ酸は、日本腐植物質学会が頒布する標準品と性状が一致することはもちろんだが、作用に関しては標準品を上回る活性（抗酸化力、鉄のキレート作用など）を確認している。

安全性については、人に対し「24時間閉塞ヒトパッチテスト」「累積刺激及び感作試験（RIPT）」「細胞毒性代替試験（経口）」「復帰突然変異試験」「口腔粘膜刺激性代替試験」「眼刺激性試験（STE法）」を実施し、環境では「急性遊泳阻害試験（オオミジンコ）」、「急性毒性試験（メダカ）」、植物に関しては「植害試験」によっていずれも高い安全性を確認している。

　弊社では、このフミン酸、フルボ酸水溶液を活用したワンヘルスへの取り組みを推進している。

●植物、農業、環境分野

　植物本来の力を引き出すバイオスティミュラントとして『HS-2®』シリーズを展開。高温障害対策や育苗時の徒長抑制、健苗生育、収量のアップにつながるとして全国の生産者から好評をいただいている。こうした実績が業界新聞や専門誌などで数多く紹介された。環境分野では、政府系研究機関と協力し温室効果ガス（GHG）低減プロジェクトや海洋資源再生プロジェクトなどが進行中だ。

●美容、健康、食品分野

　美容や食品に対する展開では社会実装が進み、化粧品や健康食品など数多くの商品が上市されている。健康分野では医師・薬剤師たちとの共同研究により、さまざまな可能性についての検討が進んでいる。

◆次代の子供たちにより良い環境を引き継ぐために

　フミン酸、フルボ酸をはじめ腐植物質は古くから研究が進み、機能性や作用に関する文献が数多く発表されている。こうした文献を読み解くにつれて、これまでは森で生成され地球全体をくまなく循環していた有

用な有機物（炭素化合物）であるフミン酸やフルボ酸が、環境破壊によって土壌や海洋、そしてこれらに生息する生物に届きにくくなっている現実が見えてきた。

　せっかく地中で固定されている炭素（炭化した亜炭や泥炭など）を掘り起こしてフミン酸やフルボ酸の原料とするのではなく、弊社では新たな方法として、間伐材の活用を選択した。

　日本の人工林は約70%がスギ、ヒノキによるものだ。山全体や樹木の健全な生育に間伐は欠かせないが、放置された間伐材による二次災害も問題視されている。

　そこで間伐材を有効利用し、限りなく自然に近い状態でフミン酸、フルボ酸を取り出して、その機能を私たちや動植物、海洋生物、さらには環境改善（浄化）のために活用することを提言する。この提言は、自然資本を活かすとともに、適正な炭素循環を促進し、生物多様性に寄与するネイチャーポジティブの実装であることを付け加えさせていただく。

　すべては、「次代の子供たちにより良い環境を引き継ぐために」。

出典：PhotoAC

コ	ラ	ム

自然と共生できる土壌改良剤

2024年6月、本書の取材で渡辺和彦先生とともに、なかた農園の中田さんが育てる水稲とネギの生育状況を見に行った時のこと、田んぼの中でオタマジャクシやドジョウがたくさん泳いでいるのを発見した。中田さんに尋ねると「HS-2®プロ」を使うようになってからは、農薬はごく少量で済んでいるという。隣の田んぼを覗くと、チッ素過多の濃い緑の苗が寂し気に立っているだけで、ほかの生物の気配は全くない。

同じような状況は私の自宅からほど近い、見沼たんぼ（埼玉県さいたま市にある大規模緑地空間）の中央を流れる川でもあった。子どもたちと一緒に行った30年ほど前にはいた釣り人が、孫たちを連れて20年後に行ってみると全くいない。浅瀬を見ても何もいない死の川と化してしまっていたのだ。

群馬県にある月夜野ホタルの里では、ホタルを町づくりに活用するため、農家の協力により近隣の田畑で農薬を使わないようにしたところ、ホタルやカエル、トンボ、魚が生息し、これを捕食する鳥やヘビなど多くの生物が集まり、結果として生物多様性につながっているそうだ。もしも農薬を止めたならば、少し減らせたならば、こうした自然のサイクルが復活してゆく。

私は農薬や化学肥料がすべてダメだと言っているわけではない。本来は補助的に使うべきものであって、現代の慣行農法のように農薬と化学肥料ありきでは、菌やウイルスが農薬に対して耐性を持ち、さら

に強いものを大量に撒き続けなければならなくなる。こうした状況では土壌劣化が進んでしまうのだ。そうなれば環境や多くの生物へ及ぼす悪影響は計り知れない。

　植物の生長には土壌微生物、特に根圏微生物の働きが、土壌の健全性には微生物叢の豊かさが重要だ。しかし、化学肥料や農薬の多用が微生物の多様性を失わせ、病原菌やウイルスが猛攻する要因となるだけではなく、連作障害や病気に対し脆弱な土壌環境を生んでしまうのだ。二次代謝物として、天然の抗生物質やビタミンを産生する微生物にはエサとなる有機物が必要だが、「腐植化プロセス」を経て完熟した堆肥は有機物が豊富だ。また、この本の主題の一つでもある「フミン酸」や「フルボ酸」といった腐植物質が含まれ、微生物活性や土壌の団粒化、物理性の改善に寄与する。なかでもフミン酸は根圏微生物と共同して根の保護にも働くのだ。堆肥は良い土壌に欠かせないミミズなど土壌生物にとっても重要で、微生物と同様に、その代謝物が植物や微生物、土壌の物理性、生物性の向上に役立っている。

　堆肥により土壌の物理性、生物性が改善すると、CEC（塩基置換容量）やEC（電気伝導率）など、化学性にとっても良い影響をもたらす。さらに、堆肥の効果として付け加えたいのが、フミン酸やフルボ酸によるpH緩衝作用である。植物にとって土壌の適正なpHは6.5程度とされているが、降水量や化学肥料の施用なども影響し、日本は酸性土が多い傾向にある。フミン酸、フルボ酸がこうした土壌にもたらす効果は言うまでもない。

　なお、「根圏微生物と根の関係」と「腸内細菌と腸の関係」はとてもよく似ており、いずれもバランスと多様性が重要になる。したがって腸内でも、細菌数が相対的に減少したり、バランスが崩れたりすれば体内環境の悪化を招くだけではなく、免疫力の低下やさまざまな疾病へのリスクも高まってしまう。こうした理由からも、「腐植化プロセス」を経て作られた天然のフミン酸やフルボ酸が、いかにしてあらゆる生命の生理活性に関わってきたかが、おわかりいただけるのでは

第3章

コラム

ワンヘルスを紡ぐ腐植物質「フミン酸・フルボ酸」

ないかと思う。

　本書の編集も終盤に差し掛かってきた 2024 年 11 月、なかた農園に注文していた新米が届いた。ドジョウやオタマジャクシが泳いでいた田んぼを思い出し、安全な環境で育ったお米はひたすらに美味しく、私は本当に幸せな気分に浸った。

　弊社では「HS-2®プロ」を活用する生産者、研究者の協働、技術情報の共有、研究、普及を目的として、「ヒューミック倶楽部」という情報交換の広場を提供している。その会員には、なかた農園の中田幸治さん（福島県：ネギ、水稲　第 2 章 10、271 〜 275 ページ）をはじめ、はしもと農園の橋本文男さん（福島県：キュウリ、水稲　第 2 章 3、214 〜 222 ページ）、落合農園の落合良昭さん（兵庫県：タマネギ、ハクサイなど　第 2 章 5、231 〜 239 ページ）のほか、全国コンテストでグランプリを受賞したこともある、古賀とまと農園の古賀信一郎さん（佐賀県：トマト、水稲）、島根有機ファームの古野利路さんなど、その道を究め、日本一とも称される篤農家の方が多い。こうした技術力にも長ける篤農家の方たちが、ここ一番の資材として「HS-2®プロ」を活用してくださっているのだ。

　これまで、会員の圃場を何度も訪問し「HS-2®プロ」の活用法をお聞きしているのだが、どの方も例外なく、植物との会話力のレベルが非常に高いことに驚かされる。毎日圃場に足を運び、もちろん天気を読みながら観察（会話）を欠かさず、植物たちのどんな小さな囁きさえも聞き逃さずに対応されておられる。美味しいタマネギの産地として有名な淡路島の中でも格段で、最も美味しいタマネギを作ると評判の落合農園を訪ねた際も、落合さんと植物との会話力の素晴らしさを目の当たりにした。この時の様子を最後に紹介させていただきたい。

淡路島のタマネギ生産者を訪問

　2023年11月11日、羽田空港から早朝便にて徳島へと向かい、9時半に落合農園に到着した。落合さんの笑顔に迎えられながらタマネギ畑に行くと、健苗がずらりと並んでいる。落合さんはタマネギ作りに絶対の自信を持っていたそうだが、「数年前、渡辺先生から「HS-2®プロ」を紹介されて、試しに育苗で使ってからはもう、手放せなくなりました。苗の状態の違いには驚きです」とおっしゃる。これまでさまざまなメーカーから、多くのバイオスティミュラント資材を紹介されて試してみたが、大半は全く効果がみられなかったという。しかし、「HS-2®プロ」を2000〜3000倍に希釈し、苗をどぶ漬けしてから定植すると活着が良く、生長も極めて良い。降雨でも倒れない強い苗ができるようになったそうだ（**写真1**）。

写真1　「見てください！　雨が降っても倒れない強い苗ができるようになりました」と語る落合さん

写真2 取材当日、降雹により打たれた穴があったが、ストレスにも負けず、元気な白菜が育っていた

　植物がストレスを感じる主な場面として、①発芽する育苗時、②掘り起こされて新たな環境に植えられる定植時、③温暖化の影響で適正温度を超える高温時、の3つが挙げられる。こうした場面で植物に刺激を与える「HS-2®プロ」は欠かすことができない、と落合さんはいう。また「ハニー・フレッシュ」との混用により、植物自体の免疫力がアップし、耐病性も増したとのこと。タマネギに限らず、ハクサイにも「HS-2®プロ」を使うようになったそうだが、落合さんを訪ねたその日は、あいにくの降雹にも関わらず元気に育っていたのが印象的だった（**写真2**）。
　なお、落合さんは植物自体の刺激剤としてだけではなく、土壌微生物の活性、土壌有機物の分解促進を目的として、「HS-2®プロ」を使い土壌灌注のチャレンジを始められたそうなので、この結果にも期待するところである。
　帰り道、徳島空港近くにある人気の道の駅「くるくるなると」では農産物直売コーナーに、「また食べたくなる玉葱」として地元名産のサツマイモコーナーにも負けじと、落合農園のタマネギが展示販売されていたので、思わず購入してしまった。

第3章

コラム

ワンヘルスを紡ぐ腐植物質「フミン酸・フルボ酸」

　46億年前に誕生した地球の歴史を今日まで、24時間に集約すると、人が現れる人新世時代が始まるのは24時の僅か2秒前に相当すると例えられている。それまでに恐竜の絶滅を含めると5回にわたる生命の大量絶滅があり、人新世に入ってからのわずか2秒の間でさえ、動物種の絶滅はすでに半数にのぼっている。しかも、過去5回の絶滅のスピードよりも遥かに速く種が滅んで行く。地球上の生命はもはや6度目の危機に突入したと主張する科学者もいるほどだ。

　しかし、これまでと比べ決定的に異なる点がある。それはこの6度目の危機はたった一つの種である「人類」の行動の結果によってもたらされた大量絶滅であるということだ。

　なぜ今「生物多様性」が叫ばれているのだろうか。それは簡単にいえば、他の動植物が住めない地球環境には当然の如く人も住めなくなるからにほかならない。ワンヘルスの概念で述べられるように、微生物をはじめ、すべての生命と環境は相互的に関りを持ちながら存在しているからなのだ。

　そのワンヘルスを紡ぎ続けてきた、土壌有機物の60%を占める腐植物質（フミン酸、フルボ酸）でさえも土壌中から猛烈な勢いで失われ続けている。自然（の循環）から学び、人の叡智をもって「次代の子供たちによりよい環境を引き継ぐ」ために、あらゆる活動が求められている。私たちは、自然の循環だけでは到底足りなくなってしまったフミン酸、フルボ酸を活用しながら、ネイチャーポジティブの実装に取り組んで行きたい。

小嶋康詞

参 考 文 献（第3章）

1) Alexander Swidsinski. et al. Impact of humic acids on the colonic microbiome in healthy volunteers. *World J Gastroenterol.* 2017. 23(5):885–890

2) Bruna Alice Gomes de Melo. et al. Humic acids: Structural properties and multiple functionalities for novel technological developments. *Materials Science and Engineering.* 2016. 62:967–974

3) Catherine Finn. et al. More losers than winners: investigating Anthropocene defaunation through the diversity of population trends. *Biological Reviews.* 2023. 98(5):1732–1748

4) Kai Sun. et al. Artificially regulated humification in creating humic–like biostimulators. *npj Clean Water.* 2024. 7:47

5) Michael T. Rose. et al. A meta–analysis and review of plant–growth response to humic substances: practical implications for agriculture. *Advances in Agronomy.* 2014. 124:37–89

6) S A Visser. Effect of humic substances on mitochondrial respiration and oxidative phosphorylation. *Science of The Total Environment.* 1987. 62:347–354

7) Simona Hriciková. et al. Humic Substances as a Versatile Intermediary. *Life.* 2023. 13(4):858

8) Zahid Hussain Shah. et al. Humic Substances: Determining Potential Molecular Regulatory Processes in Plants. *Sec. Plant Nutrition.* 2018. 9:263

9) 荒井見和ら. 土壌団粒構造と土壌プロセス2 －実測と理論の統合を目指して－. 日本土壌肥料学雑誌. 2020. 91（4）:285–290

10) 青山正和. 植物生育における腐植物質の役割. 日本バイオスティミュラント協議会. 第5回講演講演録. 2022年9月9日. 35–42

11) 日本腐植物質学会（監修），渡邉彰（編集）. 腐植物質分析ハンドブック 第2版：標準試料を例にして. 農山漁村文化協会. 2019

12) デイビッド・モンゴメリー, アン・ビクレー. 土と内臓. 築地書館. 2016

第3章 著者略歴

<ruby>小嶋康詞<rt>こじまやすし</rt></ruby> (本名：小嶋康資 (論文、特許))

1957年、東京都生まれ。1979年、神奈川大学工学部建築学科卒業後、㈱中央住宅 (現：ポラス㈱) に入社。1983年独立、㈱ネクストポリシー (現：㈱素材機能研究所) 代表取締役、㈱ケーツーコミュニケーションズ代表取締役を務めるかたわら、公益法人役員、大学講師なども兼務。ゴルフ場の刈り芝や落ち葉を急速発酵・堆肥化するプラント、産学共同でエネルギーロスを抑える保温調理鍋 (博士鍋)、マツモトキヨシの大ヒット商品「和サプリ」の開発などを行う。2010年、あらゆる生命の生理活性に関わるフミン酸、フルボ酸と出会い研究の末、ケミカルフリー同時抽出に成功 (特許取得)。これらを活用したワンヘルスを紡ぐ事業を展開。取得特許多数。著書：『「欲ばり社会人」のススメ』(㈱三五館 2009年、単著)、『仕事の指針・心の座標軸－未来を拓く君たちへ－』(PHP研究所 2005年、共著) など、同出版社より複数冊共著のほか、『インドの神様辞典』など多数の企画をプロデュース。

第3章 監修者略歴

<ruby>青山正和<rt>あおやままさかず</rt></ruby>

1955年、静岡県生まれ。1982年、名古屋大学大学院農学研究科博士後期課程退学。博士 (農学)。弘前大学農学部助手、講師、助教授を経て 2000年から弘前大学農学生命科学部教授。2021年、弘前大学を定年退職し、同大学名誉教授。2010・2011年、日本腐植物質学会会長。学生時代より耕地での土壌有機物の動態解明を目指して、土壌団粒の形成・崩壊、土壌微生物バイオマスの動態、腐植物質の性状などについて研究を行ってきた。定年退職後は、腐植物質の構成成分組成とそれらの生理活性効果について研究を行っている。著書：『土壌団粒－形成・崩壊のドラマと有機物利用』(農文協 2010年、単著)、『腐植物質分析ハンドブック 第2版』(農文協 2019年、共著)、『エッセンシャル土壌微生物学：作物生産のための基礎』(講談社 2021年、共著)、『地力アップ大事典』(農文協 2022年、共著) など。

付　録

落合良昭さん（兵庫県淡路島、第2章5）が実際に使用し効果のあった資材を紹介

　最後に落合さんについて、もう少し紹介しておきたい。落合さんからは何度となく電話をもらっていたが、なかでも印象に残っているのが「ギ酸カルシウム肥料」である。カルシウムが作物に十分吸収されていると病気に強くなる。とりわけ「ギ酸」が入っていると、貯蔵中の病害抑制にも効果がある。実は私が、ギ酸カルシウムがよいことを知ったのは、北海道農業試験場の研究レポートがきっかけだった。試験場の研究員は公務員であるため、通常、特定の商品名をいうことはない。もちろん、そのレポートにも記載はされていなかったのだが、同じ土壌肥料仲間からの質問だからと教えてくれた。それを落合さんに伝えたのである。時を経て、今では淡路島のほとんどの農家がギ酸カルシウムを使っておられるそうだ。

　現在、私は民間人である。よいと思った資材の名称や販売店名を公にし、本書に記載しても決して罪にはならないはずだ。これから紹介するのは私が落合さんに伝え、勉強熱心な彼が実際に活用しているものばかりである。もちろん、該当する企業からは1円ももらっていない。しかし、読者の皆さんへの普及・啓蒙、ひいては農業の発展が本書の目的でもあるため、以下、最も大切な情報掲載ページとして活用いただけると幸甚である。

　まず初めは本書第1章11、2章2、3、6、10、3章と全般にわたって紹介した収量増に必須の「HS-2®プロ」である。株式会社ケーツーコミュニケーションズが製造・販売する「HS-2®プロ」は、化学薬品を使わずにフミン酸とフルボ酸を世界で初めて抽出・水溶化し、製造特許を取得している。フミン酸、フルボ酸に関する機能性や健康効果は同社のホームページが詳しい。興味を持たれた方はぜひ、サイトを訪れてみて欲しい。なお、同社の菊地真知子さんには本書の校正作業にも携わっていただいた。この場を借りて御礼

申し上げる次第である。

●「HS-2®プロ」
株式会社ケーツーコミュニケーションズ
〒101-0047　東京都千代田区内神田1-13-1　豊島屋ビル7階
TEL.03-5281-8677
ホームページ https://keitwo.co.jp/

　次は、小西安農業資材株式会社が製造・販売する総合微量要素肥料の「ハニー・フレッシュ」をおすすめする。この「ハニー・フレッシュ」は微粉状で水に溶かして使用するタイプであるが、葉面散布剤としても利用でき、「HS-2®プロ」との相性がとてもよい資材である。第1章11でも触れたが、実験によると「HS-2®プロ」が「ハニー・フレッシュ」に含有する肥料成分の吸収を促進していた。同社は「HS-2®プロ」の販売も手掛けておられる。なお常務取締役・営業本部長の鈴木望文さんと落合さんは同年代で、電話では非常に話がはずんだようである。

　鈴木さんは畑での試験栽培もよく実施されており、私も本書執筆にあたっては非常にお世話になっている。特に試験結果のデータはよく引用させていただいたが、本書が論文であれば連名で共著者としなければならない方であることを記し、ここにお礼を申し上げたい。

●「ハニー・フレッシュ」
小西安農業資材株式会社
〒103-0023　東京都中央区日本橋本町2-6-3
TEL.03-3666-7730
ホームページ https://konishiyasu-nz.com/

　落合さんが栽培するタマネギは総じて大玉で甘みと旨味が格別である。これまでもタマネギ作りには自信があったと彼はいうが、「HS-2®プロ」2000〜3000倍希釈液を使うようになってからは苗の状態や活着が確実によくなったそうである。「HS-2®プロ」だけではなく、「ハニー・フレッシュ」も混用しておられるとのことだが、**高温ストレスに強く、雨が降っても倒れない強い苗が育つ**という。ただし、この肥料は完全には溶けない。上清液をスプ

レー散布で用いないとノズルがつまってしまう。要注意だ。日本一美味しいタマネギといっても過言ではないだろう。

　落合さんに紹介したのはそれだけではない。本書でも何度か登場していただいている、アルコール肥料を開発された有限会社長浜商店の長浜憲孜前社長である。農業に関する造詣が大変深い知恵者で、落合さんも早速に遠路はるばる愛知県まで向かい、種々勉強になったそうだ。アルコール農業では、本書第2章8で紹介させていただいた寺田農園の寺田卓志さん（〒441-3619　愛知県田原市西山町明和85　TEL.0531-35-6642）も記しておきたい。彼はアルコール農法の仲間が欲しいそうで、落合さんとも友達付き合いを通じて交流を深め、お互いに学ぶことも多いようだ。本書の出版にあたり連絡先を記載させてもらうこととした。

●「エタノール肥料」
有限会社長浜商店
〒441-8134　愛知県豊橋市植田町字関取27-3
TEL.0532-35-7076
社長 長浜義典、前社長 長浜憲孜
※ホームページは作成されていない

　もう一点紹介しよう。第1章4で記したが、すべての植物に対し価値のある物質と認められたケイ酸は、ケイ素からなるシリカゲルかモノケイ酸の形でないと植物は吸収できず、人間も植物も同じトランスポーターを経由して細胞の内外を行き来している。特にイネの生育にはケイ素が欠かせない。有限会社グリーン化学が製造・販売する「正珪酸」は自社で開発、特許を取得されており、吸収に優れた水溶性の製品である。農文協発行の月刊誌『現代農業』（2020年10月号）でも紹介されているが、著名な稲作の大家である福島県在住の薄井先生も、その驚異的な効果に驚かれたそうである。私が書籍に書くのは今回が初めてである。しかし、2019年に東京大学の伊藤謝恩ホールで開催されたバイオスティミュラント協議会主催の研究会にて、学術的に十二分に効果が期待できる資材として紹介させてもらっている。ただ落合さんはまだこの肥料を使っていないと思う。

●「正珪酸」
有限会社グリーン化学
〒270-0164　千葉県流山市流山3-351

TEL.0471-99-9468

ホームページ：https://green-ch.jimdoweb.com/

　最後に、落合さんに教えたところ、なんと淡路島全島のタマネギ栽培に活用されているという資材「スイカル®」を紹介したい。この資材は晃栄化学工業株式会社が製造・販売するギ酸カルシウム入りの特殊肥料である。この製品を使用した無菌実験を兵庫県立農林水産技術総合センターの杉本琢真君（旧・生物工学研究所時代の私の部下）に確かめてもらった。結果は『現代農業』（2008 年 6 月号）だけではなく、American Phytopathological Society（アメリカ植物病理学会）発行の著名な英語雑誌『Plant Disease』に 2 報掲載されている。英語論文の執筆にあたっては、私も共著者として携わっている。

●「スイカル®」

晃栄化学工業株式会社

〒 460-0003　愛知県名古屋市中区錦 1-7-34

TEL.052-211-4451

ホームページ：https://www.koei-chem.co.jp/index.html

● T. Sugimoto. K. Watanabe. et al. Field Application of Calcium to Reduce Phytophthora Stem Rot of Soybean, and Calcium Distribution in Plants. *Plant Disease* 2010. 94(7):812-819

● T. Sugimoto. K. Watanabe. et al. Select Calcium Compounds Reduce the Severity of Phytophthora Stem Rot of Soybean. *Plant Disease* 2008. 92：1559-1565

●杉本琢真 . ダイズ茎疫病に関する最近の話題 . 植物防疫 . 2013. 67(10)：46-52

　論文を執筆するということは、世の中に有益な情報を残し、その分野の発展に貢献するという意味合いがある。「HS-2®プロ」については現在、弘前大学の青山正和先生が英語論文の執筆を準備されておられるという。これが発表されたならば当然、世界が驚くであろうと私は思うのである。

あとがき

　本書の終わりに、私自身について少しだけ記したい。私は以前、東京大学で2年間にわたり6回ほど講義をさせてもらったことがある。そのなかには教育課程のものもあったが、講義の終了後、一人の学生が私のところまで来て「渡辺先生はなぜ、ここで講義することを頼まれたのですか？」と率直な疑問を呈したのだ。東京大学の卒業生でもない私は、返答に困ってしまった。

　しかし40年もかかったが、その答えが本書にある。この本は、日本中の農業生産量を大幅に上げ、さらに環境もよくする技術を具体的に示している。そして、こうした技術がいずれ世界中に広がると私は確信している。あの時の学生は私を覚えているだろうか。いま、この本をぜひ読んでもらいたい。40年を経て、彼の疑問はきっと晴れることだろう。

　本書と、これから発表されるであろう青山先生の英語論文をもってするならば、やがて世界中の農業生産量が画期的に増加する時代が来ると私は信じて止まない。それほどに大きな内容、意味を含んでいるのだ。

最後のご挨拶

著者を代表して　渡辺和彦

　本書の終わりにあたって、御礼を申し上げたい方々がいる。まずは、小祝先生主催の講演会に来賓としてきておられたベジタリア株式会社代表取締役社長の小池聡様である。小池社長は私の講演を清聴いただいたことで知り合ったが、その後、私が理事長を務める一般社団法人「食と農の健康研究所」の立ち上げから、ホームページの作成にも携わっていただいた。その縁で、小池社長とともに同研究所の理事に就任くださったのが宮田恵先生（医師で日本野菜ソムリエ協会認定野菜ソムリエ上級プロ）である。同研究所において、私はベジタリアの職員の一人として小池社長から十分すぎる給与をいただいていたが、こうした経緯から兵庫県民会館の会議室を借り、月一回の英語論文精読セミナーを開催することが叶ったことにも感謝申し上げたい。学会発表でも書籍の出版でも、英語論文の精読は必須である。私ももちろん読めるが、翻訳者としてほぼプロに近い白川仁子様、西野聡子様、途中からの参加ではあるが福本真由美様、大阪から遠路、全セミナーに積極的に参加くださった加藤諭様、なんと東京からわざわざ新幹線に乗り毎回参加された谷口泰之様、皆様には感謝してもしきれない。

　もう一人は、私を2012年（平成24年）に全国肥料商連合会の施肥技術講習会の委員長として抜擢してくださった上杉登元会長（現：公益財団法人日本ヘルスケア協会、土壌で健康推進部会長、お米で健康推進部会副部会長）である。講習会だけではない。国際肥料協会と国際植物栄養協会との共書、「人を健康にする施肥（日本語翻訳書名）」の日本語への翻訳書の出版において全ての翻訳にも関わらせてもらった。謝金はなしである。四苦八苦したが、結局のところ謝金なしが良かったのである。私の兵庫県立農林水産技術総合センター時代の英語論文精読会のメンバーであった株式会社住友化学の肥料担当の8名が、会社の上司の許可を受け私を助けてくれた。特に長久保有之様、大野香織様には自社の部分だけではなく、全体の校閲にも携わってもらい、立派な翻訳書に仕上がった。あらためて御礼を申し上げたい。上杉様への謝意はそればかりではない。東京ステーションホテルの喫茶室で本書のキーパーソンである小嶋社長を私に紹介してくれたことが縁となり、本書ができたといっても過言ではない。この場を借り、あらためて心からの謝意を申し上げる。今後とも指導を賜りたく、最後の挨拶とさせていただきたい。

索 引

数字　アルファベット

2 型糖尿病	73, 157
ADL	22
AMP キナーゼ	77
BLOF 理論	80, 263
DNA ポリメラーゼ	32
Dr. エナジー	260
GI 値	73
GR 亜硝酸試薬	185
GR 硝酸試薬	185
H^+-ATPase	148, 151
HS-2®	152, 154
HS-2® プロ	156, 209, 214, 231
HuFuferme®	152, 157
IAA	148, 149
IPCC	93
M. Dong	59
n-3 系脂肪酸	127, 132
NCV コール	116, 197, 223
Nielsen	40
NOS	15
OFA 短期研修会	165
OPZ	12
p53 遺伝子	78
Penland	40
p 値	20, 133
RNA ポリメラーゼ	33
Strategy-I	84
Strategy-II	84
TCA サイクル	13
TNF-α	42
VF コール	116, 197, 224
Warington	39
WHO	17
ZIP トランスポーター	32
ZnT トランスポーター	32

あ

アーユルヴェーダ	152
阿江教治	148, 237
青山正和	279, 307
赤井重恭	124
秋元宏之	3
アグロカネショウ株式会社	59
あごおち大根	258
アコニターゼ	13
浅川富美雪	158, 160
アサヒグループホールディングス株式会社	253
アジサイ	223
亜硝酸ガス障害	186
アゾキシメタン	75
アディポネクチン	33, 35, 73, 77
アトピー	26
アトピー性皮膚炎	28
油	108
アブラナ科野菜	37
アフリカツメガエル	39
アポトーシス	41, 78
アポプラスト	57
アラニン	265
有沢祥子	26
有近幸恵	92
亜リン酸粒状肥料	174
アンチドーピング協会	17
飯塚正也	240
胃潰瘍治療薬	24
イグナロ	15
異常穂発生	123
泉浦哲矢	64
苺ジェラート	228
市橋泰範	265
一酸化チッ素合成酵素	15

稲妻 8-3-4 ········· 254	門脇孝 ········· 33
岩男吉昭 ········· 196, 228	金沢医科大学 ········· 73
インシュリン抵抗性 ········· 73	カネコ種苗株式会社 ········· 233
インドール -3- 酢酸 ········· 148, 149	金田吉弘 ········· 58
上杉登 ········· 147, 309	株式会社エヌ・ティー・エス ········· 229
薄井先生 ········· 306	株式会社荻原農場 ········· 243
宇宙線量 ········· 97	株式会社ケーツーコミュニケーションズ
うつ病 ········· 130, 132	········· 150, 209, 220
エクトデスマータ ········· 204	株式会社ジャット ········· 196
エストロゲン ········· 42	株式会社生科研 ········· 154
エムシー・ファーティコム株式会社 ········· 209	株式会社ナント種苗 ········· 243
エンシュア・リキッド ········· 24	株式会社ネイグル新潟 ········· 50, 154
エンドサイトーシス ········· 212, 239	株式会社ハイポネックスジャパン
大石秀和 ········· 238	········· 183, 204
大谷武久 ········· 263	カリウム ········· 65, 178
大谷流の BLOF 理論 ········· 264	過リン酸石灰 ········· 67
大塚アグリテクノ ········· 174	カルシウム ········· 65, 135
大野香織 ········· 309	河井完示 ········· 161
小河甲 ········· 135, 148	河野憲治 ········· 163
奥田東 ········· 140	がん ········· 77
奥山治美 ········· 128	慣行農法 ········· 80
オステオカルシン ········· 59, 61	がん細胞 ········· 41
落合良昭 ········· 231, 298, 304	神頭武嗣 ········· 175
小野静一 ········· 30	菅野均志 ········· 161, 163
オハイオ州 ········· 165	がん抑制遺伝子 ········· 78
オブラート ········· 258	菊地真知子 ········· 304
オメプラゾール ········· 12	気候変動に関する政府間パネル ········· 93
オルソ・フェナントロリン液 ········· 86	機能性表示食品 ········· 9, 11
	木下博 ········· 158, 183
	岐阜大学 ········· 73

か

カーセンティ ········· 61	九州大学 ········· 163
花芽形成期 ········· 193	牛ふん ········· 32, 37, 170
額縁症 ········· 122	虚偽のデータ ········· 92
葛西善三郎 ········· 169	清田政也 ········· 50, 205
カスパーゼ ········· 78	キングハーベスト ········· 252
カスパリー線 ········· 56	きんさん ········· 33
カタラーゼ ········· 42	ぎんさん ········· 33
活性酸素種（ROS） ········· 66	グアニル酸シクラーゼ ········· 15
加藤諭 ········· 309	熊沢喜久雄 ········· 204
	倉澤隆平 ········· 22

グリアジン	160
グリース・ロミイン亜硝酸試薬	185
グリーンセーフプラス	154
グリセミック指数	73
グルタチオンペルオキシダーゼ	42
グルテニン	160
黒田麻紀	3
クロロフィル a	69
クロロフィル b	69
桑名健夫	165
ぐんぐん伸びる根	253
血糖値上昇抑制作用	152
ゲル化デンプン	114, 116
元気さ	25
健康日本 21	19
小池聡社長	265
小泉進次郎	99
小祝政明	80, 268
降圧作用	152
晃栄化学工業	174, 307
高血圧	73
光合成	65
光合成細菌	39
抗酸化作用	152
高知土壌医の会	247
ゴキブリ	43
古在豊樹	103
小嶋康詞	151
骨芽細胞様培養細胞	59
小西安農業資材株式会社	46, 50
小林純	64, 71
小林尚武	145
コリン	265
コレステロール値	130
コロンビア大学	61

さ

サイクリック GMP	15
細胞貪食	212, 239

細胞壁	36, 39
細胞壁ペクチン	39
ササラ	59
佐藤毅	175
産後うつ	131
酸生長説	150
ザンビア	80
サンヨネ	223
サンレッド	260
直原毅	105, 109
自殺	130
脂質異常症	73
紫綬褒章	48, 93
ジャスモン酸	266
腫瘍壊死因子 α	42
シュレイダー	71
循環器疾患	73
循環ペプチドホルモン	91
消費者庁	9
褥瘡	24, 25
植物栄養学大要	204
植物油	106
食欲不振	25
白川仁子	278, 309
シラジット	148, 152, 157
尻腐れ果	145
シリコンゴム	186
飼料米	272
シロアリ	43
心血管疾患	73, 150
心疾患	129, 130
迅速養分テスト法	87, 183, 186
シンプラスト	57
スイカル	307
水蒸気	95
スーパーオキシドディスムターゼ(SOD)	
	33, 42
杉本琢真	174, 307
すすかび病	253
鈴木望文	305

鈴木皓	159
スズキ農園	223
鈴木良浩	223
酢とにがり	266
スベンスマルク	97
正珪酸	47, 306
清田政也	205
生理障害の診断法	87
生理的酸性肥料	137
関原明	3, 229, 258, 266
關谷次郎	159
石膏	161
ゼブラフィッシュ	39
前立腺がん	41, 130
相関係数(r)	20, 133
総合調整役	56
創傷治癒	41
素麺工場	106

た

大正関東地震	101
大腸炎	150
大腸がん	65, 71, 130
太陽黒点	99
太陽熱養生処理	265, 269
高城成一	79, 84
高橋英一	54, 167
タキイ種苗	256
竹堆肥	216, 218
タテホ化学工業株式会社	73, 75
田中明	82
田中卓二	64, 73
田中萬米	233
棚橋あかね	206
谷口泰之	309
ためしてガッテン	18, 59
炭水化物施肥	118
炭素安定同位対比 $\delta^{13}C$	98
タンニン	88

地球温暖化	92, 93
チッ素	65
着色不良果	175
中国甘粛省農業科学院	191
長寿ホルモン	33
辻藤吾	161
堤繁	204
デキストラン硫酸ナトリウム	75
デケラターゼ	69, 71
テストステロン	42
鉄吸収機構	84
鉄恒常性調節	91
鉄毒性	80, 82
寺田卓史	255, 306
デンプン廃液	106, 108
糖新生	259
糖尿病	73, 77, 150
糖尿病ラット	157
東北大学	163
動脈硬化	129, 130
ドーズレスポンス	77
トップセラー	256
トランスフェリン	89, 90
トランスポーター	11, 84
トランプ	99
豚ぷん	32

な

永井耕介	119
長久保有之	309
中田幸治	271, 298
長浜憲孜	3, 114, 197, 223
長浜商店	106, 197, 223
長浜義典	116
ナチュラルヘルスプロダクト	152
二価鉄	82
二価マンガン	82
西澤直子	78, 212, 237
西野聡子	147, 309

ニトログリセリン	15
二瓶直登	10, 265
日本亜鉛栄養治療研究会	26
日本アルコール産業株式会社	80
日本人の食事摂取基準	26
乳がん	130
乳酸卵殻	209
尿素	180
脳卒中	64, 71
野口章	123
野副朋子	85
野中鉄也	86

は

ハーバード大学	17, 132
バイオスティミュラント	197
バイオスティミュラントハンドブック	229
ハイグリーン	209
ハイポン	58
白化現象	67
はくろう果	175
橋本文男	215, 298
発がん物質	75
ハニー・フレッシュ	50, 209
パリ協定	99
阪神大震災	101
万能指示薬	189
東日本大震災	101
菱沼軍次	183
ビタミンD	42
ヒューミン	152
肥料科学	161
微量要素と多量要素	170, 203
広島県東部農業技術指導所	163
ピロリ菌	15
ファーチゴット	15
フィチン	26, 143
フェロポーチン	90

ふくひびき	272
福本真由美	309
腐植無双 極	209, 210
藤原徹	36, 39
フミン酸	116, 148
フラミンガム研究	62
フリーラジカル	88
不慮の死	130
古田産業	247, 249
古田信廣	247
フルボ酸	116, 148
プロトン ATPase	150
プロトン勾配	65, 66
プロトンポンプ	12, 148
プロマック	24, 30
β 酸化	77, 78
ベジタリア株式会社	265
ヘプシジン	90, 91
ヘムオキシゲナーゼ	90
ヘモグロビン	212, 237
ホウ作畑	46
ホウ酸団子	43
ホウ素	37
暴力死	130
ぼかし大王®エコ	209, 210
骨ホルモン	59
母肥力 10	209, 210
ホモプシス根腐れ病	214
ポラプレジンク	24
堀兼明	32

ま

マーガリン	128, 129
マーシュナー博士	124, 128
マウス	39
前川和正	175
真栄平房子	49
マグネシウム	65
馬建鋒	49, 54, 69, 213

間藤徹	36, 39
丸石株式会社	238
丸山茂徳	93
丸山純	3
マンガン欠乏症	120, 123, 124
慢性下痢	25
三浦和雄	3, 197, 223
ミオグロビン	89
御園英伸	3
三井進午	161
緑の錬金術	204
峰岸長利	193
宮川多喜男	198
三宅親弘	182
三宅靖人	54
宮田學	26
宮田恵	309
無機栄養説批判	236, 237
ムギネ酸	79, 84
ムギネ酸類	84
ムラド	15
無硫酸根肥料	161
メタボリックシンドローム	73
メタンガス	92
メリット M	154
免疫調節	152
籾殻	207
森俊人	145
森敏	79, 212, 236
門間法明	80, 82

や

野菜の要素欠乏・過剰症	87
矢内純太	218
山内敏正	33
山内靖雄	3
山崎浩司	247
山崎傳	170, 178, 203
山崎浩道	56, 175

山田康之	169
有益な物質	55
有害土壌微生物	82
有限会社グリーン化学	47, 306
熔成リン肥	67
葉面散布	170, 178
葉面散布単独栽培法	204
用量反応結果	77
吉田健一	204
吉森保	221

ら

リービッヒ	106, 235
リービッヒ批判	255
リウマチ患者	28, 30
リウマチ膠原病	30
理科の知識	84
陸稲栽培	92
陸野貢	247
利尿作用	152
リノール酸	128
硫酸根	163
緑内障	19
リン酸	139, 143, 180
レッドファーム	9, 17
レトルト殺菌	153
労働安全衛生法	183
六本木和夫	123

わ

渡辺大夢	206
渡辺真人	3

■著者プロフィール

わたなべかずひこ
渡辺和彦（本名：渡邉和彦）

1943年、大阪府生まれ、1966年、兵庫農科大学（現神戸大学農学部）卒業、同年、京都大学大学院農学研究科農芸化学専攻修士課程入学。1968年、同修士過程修了、同年、兵庫県立農業試験場化学部研究員として兵庫県職員に採用される。1977年、京都大学農学博士号を授与。1980年、「土壌ならびに作物体の栄養診断法に関する研究」で日本土壌肥料学会賞を授与。1998年、放射線同位元素等の取り扱いにおいて、安全確保に尽力し、その功績により科学技術長官賞を授与。研究員時代は東京農工大学、高知大学、大阪府立大学などで非常勤講師を歴任。2004年、兵庫県を停年退職、同年4月より東京農業大学客員教授と兵庫県立農業大学嘱託職員として勤務。2014年、東京農業大学停年退職。2016年、兵庫県立農業大学校退職。同年7月1日より一般社団法人食と農の健康研究所理事長兼所長。1980～2018年間、作物の栄養診断と対策に関する書籍などを30冊ほど出版している。その中には中国語に翻訳され出版された書籍、またネパール語で出版された書籍もある。

カバーデザイン：市尾なぎさ
DTPデザイン ：㈱あおく企画
イラスト ：角愼作

えいようそ しんちしき とくのうか けんぶんろく さん さん かつようじゅつ
栄養素の新知識・篤農家見聞録・フミン酸、フルボ酸の活用術
ほんとう おし とくのうか じっせん
本当は教えたくない篤農家の実践テクニック

2025年2月14日 発 行　　　　　　　　　　　　　　　NDC613

著　　者	わたなべかずひこ こじまやすし 渡辺和彦　小嶋康詞	
発 行 者	小川雄一	
発 行 所	株式会社 誠文堂新光社	
	〒113-0033 東京都文京区本郷3-3-11	
	https://www.seibundo-shinkosha.net/	
印刷・製本	株式会社 大熊整美堂	

©Kazuhiko Watanabe. 2025　　　　　　　　　　　　　Printed in Japan

本書掲載記事の無断転用を禁じます。

落丁本・乱丁本の場合はお取り替えいたします。

本書の内容に関するお問い合わせは、小社ホームページのお問い合わせフォームをご利用ください。

JCOPY ＜（一社）出版者著作権管理機構　委託出版物＞

本書を無断で複製複写（コピー）することは、著作権法上での例外を除き、禁じられています。本書をコピーされる場合は、そのつど事前に、（一社）出版社著作権管理機構（電話03-5244-5088／FAX03-5244-5089／e-mail:info@jcopy.or.jp）の許諾を得てください。

ISBN978-4-416-92410-5